RIZ Tools 40 Principles

그림으로 보는 발명문제 해결 이론 TRIZ 그림책

알트슐러의 40가지 발명 원리

Editor 셀류츠키, 박성균 · 윤기섭 · 최윤희 역

도서출판 GS인터비전

Letter...

Дорогие корейские друзья!

Мы рады представить вам наш альбом как помощь в решении изобретательских задач. Это – одна из разработок Генриха Альтшуллера, которую применяют в своей деятельности многие инженеры в Европе и Америке. Желаем вам успехов в решении творческих задач.

Александр Селюцкий, мастер ТРИЗ.

Юрий Федосеев, художник.

친애하는 대한민국 여러분!
여러분들께 이 책을 소개하게 되어 매우 기쁘게 생각합니다.
이 책은 겐리흐 알트슐러의 저서중 하나이며, 현재 미국과 유럽의 많은 엔지니어들이 실무에 적용하고 있습니다. 여러분들도 발명문제 해결에 성공하시길 기원합니다.

트리즈 마스터 알렉산더 셀류츠키,
일러스트레이터 유리 페도세예프,

이 책은
러시아 저작권자인 TRIZ Master A.B 셀류츠키와
정식 판권을 계약하여 출간하였음.

역자 서문 …

아침 햇살에 이슬이 마르듯, 문제가 저절로 풀린다.

40가지 원리와 모순행렬표는 바로 문제가 저절로 풀리게 하는 트리즈의 기본 도구다. 이 책은 적합한 사례와 삽화를 사용함으로써 초보자들도 쉽게 트리즈에 다가설 수 있도록 한다.

40가지 원리를 뒷받침하는 사례와 삽화들이 전달하는 메시지는 너무도 분명하여 책을 한 번 주의 깊게 읽어보는 것만으로도 문제해결의 암시를 얻을 수 있다. 또한 이 책은 트리즈의 다른 기법들(ARIZ, 표준해, 기술시스템의 진화, 물질-장 등)을 사용하기에 앞서 40가지 원리와 모순행렬표 만으로 문제해결을 시도할 수 있는 방법을 제시한다. 생활 속에서 우리는 많은 문제를 만난다. 문제를 해결하려는 과정에서 우리는 한 가지를 개선하자 다른 것이 나빠지는 모순 상황에 자주 접한다. 그런 모순에 직면할 때 우리는 좌절하는데, 이에 대해 알트슐러는 이렇게 말한다. “동트기 전이 가장 어두운 것처럼, 새로운 생각을 발견하기 직전도 꼭 그렇습니다.” 여명효과로 불리는 이 현상은 모순과 마주친 바로 그 순간이 문제의 해결에 가장 접근한 때임을 말해준다. 그러므로 타협을 통해 모순을 회피하지 말고 적극적으로 모순을 찾아내야 한다.

40가지 원리를 비롯한 트리즈의 바탕에 깔린 철학은 절제다. 트리즈는 무엇이든지 가장 적게 사용하여 필요로 하는 것을 얻으려고 한다. 트리즈를 활용하여 우리는 적은 에너지, 적은 물질, 적은 노동력을 사용하고 환경오염을 줄이면서 필요한 것을 얻을 수 있다. 트리즈의 이런 시도는 자원의 결핍과 노동력의 부족, 환경의 오염으로 고통 받는 우리 시대를 위해서도 매우 중요한 일이다.

이 책을 번역 출판하도록 허락해 준 편집자이자 이 책의 실제 권한자인 트리즈 마스터 A.B. 셀류츠키와 트리즈 관련 출판에 적극 호응하며 노력하는 GS인터비전의 송기수 대표께 진심으로 감사를 표한다.

이 책을 통하여 꿈을 키워가는 학생들과 산업계의 엔지니어들, 그리고 연구개발 분야의 사람들에게 문제해결을 위한 작은 지침서가 되길 기대한다.

역자일동

2012년 4월

차 례 …

TRIZ Tools 40 Principles

PART 1

서 론

이 책의 구성에 관하여

편집자 A.B 셀류츠키 서문

트리즈의 아버지 겐리흐 알트슐러

트리즈 소개

이 책의 구성에 관하여

이 책은 트리즈 초보자뿐 아니라 트리즈를 경험해 본 사람을 위한 책이기도 하다. 앞부분은 원래 겐리흐 알트슐러가 쓴 소책자를 그대로 옮겨온 것이며, 기술적 모순을 해결하기 위해 40가지 원리를 활용하는 방법을 설명하고 있다. 이런 핵심적인 내용 외에, 새롭고 사용하기 쉬운 모순 행렬표를 부록으로 추가하였다. 마지막에는, 트리즈에 대한 새로운 자료들, 40가지 원리와 모순 행렬표의 사용 방법을 함께 실었다.

이 책은 다음과 같이 5부로 나뉘어 있다.

1부: 트리즈와 겐리흐 알트슐러의 연구에 대한 소개. 1부는 주로 트리즈를 처음 대하는 사람들을 위한 것으로, 기술적 문제를 해결하는 데에 있어서 트리즈의 이점을 다룬다.

2부: 알트슐러의 완벽한 소책자 "기술적 모순을 제거하기 위한 기초적 방법"에 소개된 원래의 삽화가 포함되어 있다.

3부: 발명 문제 해결을 위한 세 가지 단계, 기술적 모순을 극복하기 위한 40가지 원리와 모순 행렬표의 사용 방법을 싣고 있다.

4부: 부록: 기술적 모순을 체계화하고 해결하는 데에 도움이 되는 양식, 40가지 원리의 요약, 기술시스템이 지닌 특성들.

5부: 모순 행렬표이다.

A.B 셀류츠키 서문

기술적 모순을 제거하기 위한 대표적인 방법들을 소개하는 본 책은 발명가 알트슐러가 정립한 도구들의 모음집이라 할 수 있다.

많은 발명품들(4만 가지 이상)을 분석한 결과 그것들은 기술적 모순을 제거한 결과로 나타난 높은 수준의 발명들이라는 것을 보여주었다. 실제로, 모든 기술적 시스템은 상호 관련이 있는 많은 매개변수들을 가지고 있다. 이러한 매개변수들 중 하나의 변화가 필연적으로 다른 매개변수의 변화를 수반한다.

예를 들면, 제품 품질 개선은 항상 노동량 증대, 엔진 파워 증가에 따른 속도 상승, 금속소모량 증가에 따른 정밀도 상승 등과 관련이 있다. 발견된 모순들을 분석한 일은 모순들을 체계화하고 가장 효과적인 제거방법들을 찾을 수 있도록 해주었다.

바로 이러한 방법들을 이 책에서 소개하고 있는 내용들이다.

이 책은 대상의 다른 매개변수들의 품질을 저하시키지 않으면서 우리에게 필요한 품질을 개선해주는, 즉, 타협하는 방법이 아니라 모순 제거를 통해 발명 수준에서 해결점을 찾을 수 있도록 해주는데 도움을 줄 수 있다. 그러므로 각각의 방법은 준비된 해결을 말해주는 것이 아니라 해결 탐색을 위한 방향 제시를 해주는 것이다.

여기에서 제시한 방법들은 문자 그대로 이해해선 안 된다.

예를 들면, 분할 원리는 과제 해결이 어떻게든 대상의 분할과 관련이 있어야 하며, 반대로 하기 원리는 대상에 의해 행해지는 어떠한 반대 작용과 관련이 있다는 것을 이해해야 한다.

이 책은 다음과 같이 두 가지로 활용할 수 있다. 즉, 어떠한 문제 해결을 위하여 가장 알맞은 방법을 선택하기 위해 모든 원리들을 단순히 훑어보는 것과 모순행렬표의 도움을 받을 수 있다는 것이다.

그렇다면, 모순행렬표를 가지고 어떻게 활용할 수 있을까?

예를 들어 여러분이 선박의 생산성을 높여야 하는 문제를 해결해야 한다고 가정해 보자.

〈선박의 생산성을 확대해야 한다.〉는 것은 무엇을 의미하는 것일까? 그것은 한 번에 운송할 수 있는 화물의 용적양을 늘려야 한다는 것을 의미하는 것으로 두 가지 방법이 있는데 화물칸의 용적을 늘리는 것과 선박의 이동속도를 증가시키는 것이 있다.

만일 화물칸의 용량을 확대한다면, 이것은 필연적으로 배의 움직임에 대한 물의 저항이 증가하는 것으로 이어질 것이다. 따라서 더 큰 부피를 차지하는 고성능 엔진이 필요하게 될 것이다(용적변경 없이 속도만 증가시키는 방법을 택하였다고 하더라도 같은 결론에 도달했을 것이다).

제작자는 화물량도 더 증가시키고 동시에 선박속도도 덜 감소시킬 수 있는 절충안을 찾아내야만 한다. 창의적 문제를 해결하는 사람에게 있어서 기술적 모순을 명확히 분별하는 것은 매우 중요하다.

위의 경우에서 기술적 모순은 선박이 많은 양의 화물을 적재하기 위해서는 큰 용량의 화물칸이 있어야 하는데, 이것은 불가피하게도 속도를 저하 시킨다.

이제 모순행렬표를 살펴보도록 하겠다.

표의 세로축에서는 문제의 조건에 따라 변경해야하는 것들을 찾을 수 있다. 위의 경우에서는 '이동하는 물체의 부피'가 해당한다고 할

다른 축에서는 이미 알려진 방법을 사용할 경우 문제가 악화된다는 사실을 찾아 볼 수 있다. 위의 경우에서는 '속도'이다. 가로축과 세로축의 교차점에서 29, 4, 38, 34번 방법들을 찾을 수 있다.

방법 29는 〈공기식/수압식 구조물 활용〉 원리이다. 이 원리가 수중익선이나 호버크래프트로 전환할 수 있는 가능성을 알려줄 수도 그렇지 않을 수도 있지 않을까?

방법 4는 〈비대칭 원리〉로 엔진 대비 화물칸의 비대칭구조를 제안할 수 있다.

방법 38은 〈산화가속의 원리〉로 인화물질과 산화물질을 통한 엔진의 가속으로 문제 해결을 이끌 수 있다.

방법 34는 〈폐기 및 재생의 원리〉로 연료와 같이 유동적인 용량을 예인하는 선박의 구조를 제안할 수 있다.

연료는 소모에 따라 이동이 가벼워지면서 용량이 줄어드는 것이다.

여러분은 모든 방법들 혹은 그 중 가장 적절한 방법 하나를 사용할 수 있다.

모순행렬표는 선두적인 기술 분야에서 채택된 원리들을 기반으로 작성되었다. 각각의 셀들은 주어진 모순 제거를 위해 기술계의 선두적인 분야에서 결정되고 가장 강력하고 전망 있는 원리들에 의해 발견된 것들이다.

따라서 모순행렬표는 일반적인 창의적 문제의 강력한 해법을 찾는데 도움을 준다.

이 책은 발명가를 위한 핸드북이다. 하지만 이 지침서는 다만 기초적인 것일 뿐이다. 이것은 새로운 기술과 특허들에 따라 지속적으로 보충되어야 할 것이다.

트리즈협회 회원이자 트리즈 마스터
A. B 셀류츠키

트리즈의 아버지, 겐리흐 알트슐러

우리가 말하려는 사람은 특별한 사람이다.
그의 특별함은 단지 위대한 과학(트리즈)을 발명해서 만이 아니라, 그런 발명을 했음에도 아무런 대가를 요구하지 않았기 때문이다.
그는 한 번도 "주세요"라고 말하지 않았다.
그는 언제나 "가지세요"라고 말했다.
그 사람 이름은-겐리흐 알트슐러이다.

레오니드 러너(Leonid Lerner)

천재

트리즈 창시자 겐리흐 알트슐러는 1926년 10월 15일 우즈베키스탄의 수도 타슈켄트의 언론가 집안에서 태어났다. 그의 가족은 알트슐러의 출생 직후 아제르바이잔 바쿠로 이주했기이 때문에 알트슐러 본인도 자신의 고향을 바쿠로 여겼다. 알트슐러의 부모는 자주 출장을 가므로 그가 학교를 다닐 무렵부터 이웃이 돌보는 날이 잦았다. 알트슐러는 어렸을 때부터 자립심이 강하고 자유를 좋아했다.

학교에 입학 하면서 그는 교육적인 문학소설 보다 공상소설에 관심을 갖기 시작했다. 이때 만난 문학 선생님은 알트슐러를 이해하였고 그를 배려하여 "네모선장(프랑스 공상과학소설 선구자인 쥘 베른의 소설에 등장하는 주인공)의 모습", "쥘 베른과 G 웰스(영국 소설가) 작품의 주인공 비교"와 같은 주제의 장문과제를 내 주며 그가 좋아하는 공상소설분야를 공부할 수 있도록 도와주었다.

또한 화학 모임활동도 했는데 이 모임에서 최초로 로켓엔진을 이용한 선박을 개발했다. 물론 실험당시에는 엔진이 고장나는 사태가 벌어졌지만 이것이 향후 20년간 그의 개념이 정의되었다.

알트슐러는 2차 세계대전 중에 주간에 다닐 수 있는 아제르바이잔 산업대학교를 입학했으나 군에 입대하여 참전하기 위해 야간으로 전환했다. 1944년 2월 8일 입대한 알트슐러는 고등학교시절 취득한 잠수함관련 기구의 특허로 전선에 투입되지 못하고 카스피해군 발명부서로 배치 받았다. 이곳에서 만난 알트슐러의 상관은 발명가를 존경하는 사람이었다. 그는 알트슐러가 다른 모든 발명가들에게 쥘 베른에 대해 가르치도록 했다.

알트슐러는 1947년부터 아제르바이잔 바쿠에서 복무하면서 발명방법론에 대해 연구했다. 자신의 연구결과를 동료인 라파일 샤피로와 함께 공유하였고 샤피로는 스탈린에게 편지를 써서 지원을 얻도록 하자고 제안했다.

라파일 샤피로는 이후 다음과 같이 회고했다.

〈우리는 "스탈린 동지에게"라고 시작하면서 혁신과 발명에 대한 소비에트 연방의 대응이 무지하다고 꼬집고 "모든 기술자들이 발명할 수 있는 이론이 존재한다."고 쓴 편지와 함께 발명 상태에 대해 각종 수치들을 상세히 기록한 30페이지 정도의 보고서를 보냈다. 또한 복사본 20부를 만들어 신문사, 정부부처 및 기타 당국에 발송했다. 그러나 정부는 알트슐러의 이론을 믿지 않았고 정부로부터 답변을 받지 못하자 끈질기게 재차 문의 했다. 그러나 우리는 이년 후 25년의 징역형을 받아야 했다.〉.

알트슐러는 징역형을 선고받고 취조를 받을 때에도 트리즈를 적용했다. 이는 트리즈(발명적 문제해결이론)를 발표하기 전이었다. 그루지야의 수도 트빌리시에 구금되었던 알트슐러는 수사관들이 요구하는 어떠한 타협과 협박에도 자백서에 서명을 하지 않았기 때문에 강력범들과 같은 취급을 받고 모스크바로 이송되었다.

모스크바의 취조실에서는 알트슐러에게 휴식을 박탈하는 취조를 했다.

엄밀히 말해 이는 취조라고 할 수도 없었다. 수사관은 수감자를 팔걸이와 등받이가 없는 의자에 앉힌 채 밤새도록 개인 업무를 보다가 가끔씩 수감자의 진술을 한두 마디 받아 적어가는 것이었다. 오전 6시에 기상하고 오후 10시까지 눕는 것을 금지시키면서 앉거나 걸을 수만 있게 했다. 오후 10시부터 30분간만 소등한 후 다시 취조를 시작했다. 이런 식으로 일주일이 계속 되었다. 보통의 수감자들의 경우 이런 생활을 3-4일정도 하게 되면 자제력을 잃고 수사관이 요구하는 것에 서명을 했다.

알트슐러는 자백서에 서명을 하지 않기 위해서는 자신 앞에 놓인 발명적 문제를 해결해야만 했다. 수사관이 원하는 "잠을 자지 않는 것"과 수감자가 원하는 "잠을 자는 것" 이라는 두 가지 모순을 해결해야만 하는 상황이었다. 이 모순은 탁월하게 해결되었다.

알트슐러는 함께 수감된 동료의 도움으로 종이에 사람의 눈을 그렸다. 그는 등을 벽에 대고 문 쪽을 바라본 상태로 앉아서 눈을 감고 자기 시작하면 동료는 눈을 그린 종이에 침을 뱉어 알트슐러의 눈꺼풀 위에 붙이고 걸어 다니면서 혼잣말을 하면서 알트슐러의 앉은 모습을 조금씩 바꿔주었다.

이 발명은 강압적 규제를 대항할 수 있는 유일한 방법이 지식이라는 것을 증명했다. 형이 선고된 후(사실 어떠한 재판과정도 없는 짧은 회의결과였다.) 알트슐러는 보르쿠타(러시아의 코미공화국에 있는 도시)로 보내졌다.

알트슐러는 〈수용소에서 처음 반년동안은 수용소 여기저기 옮겨 다녔다. 나는 힘든 수용소 생활에서 살아남기 위해 감방을 택하기로 하고 비호감적 행동을 하고 강제노역을 거부했다. 결국 관리대상이 많은 수용소 측은 한 사람에게만 신경 써야하는 것을 포기하고 나를 감방으로 보냈다. 2년째 되는 해에 나는 책을 읽었다. 석방 후 계산해보니 내가 그곳에서 하루 평균 7시간 정도를 공부했다.〉 라고 회고 했다.

2년 후 알트슐러는 방법론의 실무적용을 하기위해 연구하기 시작했다.

1953년 3월 스탈린이 사망했고, 그 다음 해인 1954년 알트슐러가 석방 되었지만 그에게는 끔찍해 소식이 기다리고 있었다. 알트슐러의 석방을 위해 스탈린 사망 이후에도 끊임없이 탄원편지를 보냈지만 지속적인 거부답변을 받은 어머니가 알트슐러의 석방 4개월 전 사망한 것이다.

슬퍼할 겨를도 없이 알트슐러는 자신의 목표-누구나 발명을 할 수 있게 도움을 주는 책의 출간-를 이루기 위해 생업활동을 해야만 했다.

이 시기에는 소련의 발명가들과 혁신가들의 권익보호 및 발명품을 VOIR(소련방 발명가 및 혁신가 사회기구)라는 단체에서 담당했다. 이 단체는 다른 단체 및 당 기구와 마찬가지로 VOIR 중앙의회에서 관리했다. 1959년 알트슐러는 혁신가들의 급진적 증가에 도움을 주는 방법론에 대한 이론을 가르칠 수 있게 해달라고 VOIR 중앙의회에 요청했으나 거절당했다.

VOIR 중앙의회에 처리해야 할 대규모 문서가 10년 치 정도 쌓이게 되는 동안 알트슐러는 발명이론에 관한 책 2권(1961년-발명하는법 배우기, 1964년-발명의 기초)을 출간하고 많은 직장을 다니며 강연을 하고 있었다. 1968, 비로소 VOIR 중앙의회는 결국 알트슐러를 초청해 기술제품에 관한 연방 세미나를 개최했다. 이때까지 알트슐러는 공상과학소설을 출간해서 번 돈으로 살아갔다.

첫 저서가 출간된 이후 흥미를 느낀 많은 사람들과의 활발한 교류가 이루어졌으며 그들은 이 저서에 대한 당국의 발표를 기다리지 않고 실험을 하기 시작했다. 이때 알트슐러와 서신을 주고받은 사람들은 그의 편지를 중요한 유물처럼 생각하고 보관하고 있다. 왜냐하면 이 서신들은 단순히 질문에 대한 답변이 아니라 재치있는 매우 훌륭한 문학작품이었기 때문이다.

▽

▽

▽

1980년대에 들어서면서 집단논의가 필요한 자료들이 충분히 모이기 시작 했다. 1989년 알트슐러를 회장으로 하는 러시아 트리즈협회가 설립되었다. 운이 좋게도 페트로자보드스크에 위치한 우리 기술문화관에서 알트슐러가 주관하는 소련방 트리즈 세미나가 개최되었다. 이 세미나에는 소련방 지역뿐 아니라 외국에서도 많은 이들이 참석했다. 바로 이 세미나에서 〈카렐리아〉출판사를 만나게 되었으며 이 출판사가 국내 최초로 트리즈 서적을 체계적으로 출판하기 시작했다.

현재까지도 이 서적들은 트리즈의 기본 교과서로서 인정받고 있다. 또한 페트로자보드스크에 처음으로 아동 창의성 발달을 위한 실험이 유치원에서 시작되었다.

알트슐러를 소개하는 이 짧은 글에서 그가 우리들의 권익과 작품의 보호 그리고 강의활동을 위해 관계당국과의 분쟁을 불사했던 상세한 이야기들을 다 쓸 수 없지만 알트슐러의 노력으로 인해 러시아와 우크라이나, 벨로루시, 우즈베키스탄 및 발트국가의 학교에서 트리즈를 교육할 수 있게 되었다는 점을 분명히 밝히고 싶다(이르쿠츠크의 앙가르스크에는 최초의 트리즈 전문학교가 설립되었다.) 미국에서는 2개의 트리즈 회사가 운영중에 있고 알트슐러 연구소가 설립되었다. 또한 프랑스, 호주, 핀란드, 스페인, 베트남 및 한국에서 트리즈 교육이 이루어지고 있다.

알트슐러는 사망 후 명예묘지에 안장되었다. 알트슐러는 일생동안 전 인류를 위한 위업을 달성했음에도 어떠한 국가적 명예도 바라지 않았다.

8년 전 바쿠에서 유혈사태가 발생했다. 우리는 알트슐러의 가족을 특별한 인연이 있는 도시인 페트로자보드스크로 이주 시켰다. 현재는 그의 동료와 절친 및 평생의 동반자이자 6-70년대 유명 공상소설작가였던 알트슐러의 아내 발렌티나 니콜라예브나 쥬라블레바 그리고 그의 며느리와 손녀가 우리와 함께 남아있다.

알트슐러와 같은 생각을 하고 트리즈가 전 인류에 기여하도록 노력하는 것이 그를 따르는 우리의 사명일 것이다.

2012년 4월

A.B. 셀류츠키

트리즈 소개

그의 일대기에서 알 수 있는 것처럼, 겐리흐 알트슐러는 전 세계의 선도적인 공학분야에 속한 수천 개의 특허를 검토하였다. 알트슐러는 그 중에서 가장 효과적이라고 생각되는 해법들을 분석함으로써 기술시스템의 진화 경향이나 유형에 대하여 기초적인 이해를 얻었다.

이것은 또한 발명 문제를 해결하기 위한 분석적 접근방법을 개발하는 기반을 마련해주었고, 나중에는 다음과 같은 공리와 함께 '트리즈'라는 그의 발명문제 해결 이론의 밑거름이 되었다.

「모든 기술시스템의 진화를 지배하는 객관적인 법칙이 존재한다.」

이 법칙에 의하면, 기술시스템의 진화 과정에서 이미 기술 성능의 꼭대기에 도달한 시스템의 어떤 부분을 개선하게 되면, 다른 부분과 충돌이 일어난다. 이 충돌에 의해 결국 진화가 덜 일어난 부분에 대한 개선이 이루어진다. 이런 계속적이며 자발적인 과정은 시스템을 이상(理想) 상태에 더욱 다가가게 한다. 진화 과정을 이해하게 되면 기술시스템의 미래 발전 경향을 예측할 수 있다.

지난 40여 년 동안 트리즈는 복잡 다양한 기술 문제를 해결하고 발명할 수 있는 실용적인 도구로 발전하였다. 오늘날 우리는 트리즈의 기본 도구들을 알고 있을 뿐 아니라, 여러가지 서로 다른 방법론과 기법을 결합하여 만든 체계적인 혁신(Systematic Innovation, SI)에 관해서도 알고 있다. 알트슐러의 제자와 추종자들은 과거 15년간에 걸쳐 이러한 추가적인 기법들을 개발하였다.

1부에서는 기본적인 트리즈 도구 중 몇 가지를 간략히 소개한다. 이것은 두 가지 이유 때문이다.

첫째, 초보자가 트리즈 용어와 의미를 처음 배우는 것이 매우 중요하며, 그래서 그들이문제를 풀기 위해서 40가지 원리를 효과적으로 활용할 수 있어야 한다.

둘째, 독자들이 충분히 활용할 수 있도록 트리즈의 도구와 기법의 바탕을 이루는 철학에 친숙해지는 것이 중요하다.

트리즈의 기초

Ⅰ. 기술시스템

기능을 수행하는 것은 모두 기술시스템에 속한다. 기술시스템의 예로 자동차, 펜, 책, 칼이 있다. 어떤 기술시스템은 한 개 이상의 하위시스템을 포함한다. 자동차는 하위시스템인 엔진, 조향장치, 브레이크 등으로 구성된다. 이러한 것들 또한 그 자체가 하나의 기술시스템으로서(이것들도 계속하여 자신의 하위시스템을 가진다) 각각의 고유한 기능을 수행한다. 기술시스템의 계층 구조는 단지 두 개의 요소만을 갖는 최소 복합체부터 상호작용하는 많은 구성요소를 가진 매우 큰 복합체까지 다양하다.

다음 표는 "운송"이라는 기술시스템의 계층 구조를 보여준다. 왼쪽 열에는 기술시스템의 이름을 내림차순으로 정렬하였다. 수평 행에는 왼쪽의 기술시스템에 속하는 하위시스템의 이름을 적었다

기술시스템	기술시스템의 하위시스템				
브레이크	브레이크 페달	유압실린더	유체	브레이크 패드	
브레이크 패드	패드	설치판	리벳		
운송	차	길	지도	운전사	수리소
차	엔진부	브레이크	가열	조향장치	전기장치
패드	부품-A	부품-B	화학 접착제		
화학 접착제	분자-A	분자-B			

예를 들어 "브레이크"라는 기술시스템은 "차"라는 기술시스템의 하위시스템일 뿐 아니라 "브레이크 패드"라는 기술시스템의 상위시스템이기도 하다. 기술시스템이 적절하지 못하거나 해로운 기능을 할 때 개선할 필요가 생긴다. 그러면 상상 속에서 시스템을 가장 단순한 형태로 축소시켜 볼 필요가 있다.

트리즈에서 가장 단순한 기술시스템은 두 개의 요소와, 그 중 한 요소에서 다른 요소로 전달되는 에너지로 구성된다.

분필과 칠판을 생각해보자. 어떤 에너지(기계적 힘)가 칠판과 상호작용하여 분필에 가해지지 않는다면, 분필과 칠판은 기술시스템이 아니다. 기술시스템 "분필, 칠판, 그리고 가해지는 힘"이라는 기술시스템이 되어야 비로소 "칠판" 기능을 할 수 있다. 분리된 요소로서 칠판과 분필은 각각 독립된 기술시스템이다. 분필은 분자 구조를 가지고 있다. 그 구조 내의 여러 화학적 요소들의 상호작용은 결합하여 "분필"이라 불리는 물질을 만든다. 이 결합의 품질을 개선하려면 그 분자 구조의 기술시스템을 분석해야만 한다. 동시에 분필은 상위시스템인 칠판의 하위시스템이다.

모든 하위시스템은 상위시스템의 경계 안에서 서로 연결되어 있다. 하위시스템에서 어떤 변화가 일어나면 그 상위시스템에서도 변화가 일어난다. 기술 문제를 풀 때는 언제나 기술 시스템이 그 상위 및 하위시스템과 상호작용한다는 사실을 생각하라.

게다가 기술시스템은 생물 시스템과 같다. 즉, 기술시스템은 영구적이지 못하며, 태어나고, 성장하며, 죽는다. 그리고 새로운 시스템이 그 기능을 대체한다.

2. 이노베이션의 수준

여러 특허를 분석해 보면, 모든 발명의 가치가 동일하지 않다는 것을 알게 된다. 알트슐러는 다섯 가지의 이노베이션 수준을 제시하였다.

수준-1: 기술시스템의 단순 개선. 그 시스템과 관련된 업계 안에서 이용 가능한 지식을 요구한다.

수준-2: 기술적 모순의 해결을 포함하는 발명. 그 시스템과 관련된 산업 안에서 다른 분야의 지식을 요구한다.

수준-3: 물리적 모순의 해결을 포함하는 발명. 다른 산업으로부터 지식을 요구한다. 수준-1은 실제로 혁신적이지 못하다. 수준-1은 기술 문제를 해결하지는 못하고 기존 시스템에 대한 개선만을 제공한다. 수준-2와 수준-3은 모순을 해결하므로 혁신적이다.

수준-4: 다른 과학 분야의 지식을 사용한 획기적인 해결책에 의해 개발된 새로운 기술. 이 수준-4 역시 기술시스템을 개선하기는 하지만, 기존의 기술적 문제를 해결하는 대신, 원래의 기술을 새로운 기술로 대체함으로써 문제를 해결한다.

수준-5: 새로운 현상의 발견 여기서 발견되는 새로운 현상은 기존의 기술을 더욱 높은 수준으로 올려줄 것이다.

알트슐러는 그의 연구에서 대다수(77%)의 특허는 수준-1과 수준-2에 속한다고 했다. 트리즈 방법론을 실제적으로 활용하면, 이 방법론이 발명가들의 혁신적 해결책을 수준-3 과 수준-4로 끌어 올려 줄 것이다.

3. 이상(理想)의 법칙

기술시스템의 목표는 어떤 기능을 제공하는 것이다. 전통적인 기술자들의 생각은 이렇다: “이러이러한 기능이 필요하다. 그러므로, 우리는 이러이러한 메커니즘이나 장치를 만들어야 한다.” 트리즈의 사고는 이렇다: “시스템에 새로운 메커니즘이나 장치를 도입하지 않고도 이러이러한 기능을 얻어야 한다.”

이상의 법칙은 어떤 기술시스템이 그 일생을 통해서 더욱 신뢰성 있고, 단순하며, 효과적으로 되려는 경향, 즉 더욱 이상적으로 되어가는 것을 말한다. 우리가 기술시스템을 개선할 때마다, 시스템이 이상에 접근함을 알 수 있다. 그것은 비용을 덜 쓰고, 더 적은 공간을 차지하며, 더 적은 에너지를 소모한다.

이상성은 언제나 시스템의 내부 및 외부의 기존 자원들을 최대한 활용하는 정도를 나타낸다. 시스템이 자원을 더 자유롭게 활용하고 더 많이 이용할수록 그 시스템은 더욱 이상적이다.

우리는 발명을 그 이상성의 정도에 따라 평가할 수 있다. 발명이 이상으로부터 멀어질수록 시스템은 더 복잡해진다.

시스템이 이상에 도달했을 때 무슨 일이 일어나는가? 장치는 사라지지만, 그 기능은 남는다.

사례: 남아메리카에 있는 한 육류 공장은 제품을 미국으로 운송한다. 운송 중에 언 상태를 유지하기 위해서 고기를 냉동해야 한다. 고기를 미국까지 비행기로 운송하므로, 화물용 비행기에 냉동 시스템을 설치하였다. 경쟁이 심해지자 비행기 선주는 배달비용을 줄이는 방법을 찾아야 했다. 비행기의 1회 운항 당 제품 수송량을 늘리는 것 외에는 다른 방도가 없었다. 상황을 분석해보면 냉동 시스템의 무게만큼을 고기의 무게로 대체한다면 그런 목표를 제대로 달성할 수 있음을 알 수 있다. 그가 한 일은 바로 이것이었다.

15,000~25,000 피트의 고도에서 비행할 때 공기 온도는 0。C 이하이며, 그래서 실제로 냉동 시스템이 필요하지 않다. 결론: 기존 자원을 활용하여 비용을 들이지 않고 시스템을 이상(理想)에 접근시켰다.

발명술이란 기술시스템을 질적으로 개선하기 위해서 이상에 다가가려고 할 때 이것을 가로막는 장애물을 제거할 수 있는 능력이다(이 책에서 우리는 오직 기술시스템에 대해서 이야기하고 있다. 물론 이런 말은 어느 시스템에 대해서나 적용된다).

시스템을 더욱 이상적으로 만들기 위한 여러 가지 방법이 있다.

A. 시스템 기능의 양을 증가시켜라.

사례: 가정용 오락 센터는 라디오, 테이프 재생장치, CD 재생장치 및 증폭기 기능을 지닌다.

B. 시스템의 마지막 작용을 하는 작업 요소에 가능한 많은 기능을 옮겨라.

사례: 전선압착기는 전선의 단자를 압착하는 것 외에도 전선을 자르며 절연물을 벗기는 데에도 사용된다.

C. 시스템의 일부 기능을 상위시스템이나 외부 환경으로 옮겨라.

사례: 온실의 창은 일반적으로 수동으로 동작한다. 외부 온도가 낮을 때는 창을 닫고, 외부 온도가 높을 때는 환기를 위해서 창을 연다. 새롭고 더 이상적인 시스템을 개발하여, 창이 자동으로 열리고 닫히게 할 수 있다. 이것은 온도 감응식 나선형 바이메탈 기구를 사용하면 가능하다.

D. 이미 존재하는 이용 가능한 내부 및 외부 자원을 활용하라.
사례: 버지니아의 (주)컴트래드 인더스트리(Comtrad Industries, Inc.)는 최근에 스펙트럼 안테나(Spectrum AntennaTM)를 개발하였는데, 가옥의 기존 전선 시스템을 보조수신기로 활용한다.

4. 모순

앞에서 언급한 것처럼, 발명가가 모순을 포함하고 있는 기술 문제를 해결할 때 가장 효과적인 해결책을 얻는다. 언제 어디서 모순이 생기는가? 기술시스템의 한 특성(또는 파라미터)을 개선하려고 할 때 시스템의 다른 특성(또는 파라미터)이 악화된다면, 그 순간 모순이 생긴다. 그래서 우리는 대개 타협적인 해결책을 떠올린다.

기술시스템은 여러 가지 특성(파라미터)을 가지고 있다-무게, 크기, 색상, 속도, 강성률 등. 이러한 특성들은 기술시스템의 물리적 상태를 설명한다. 기술 문제를 풀 때, 이러한 특성들은 문제에 존재하는 기술적 모순을 밝히는 데에 도움을 준다.

사례: 엔진 출력의 증가(긍정적 개선)는 엔진 크기의 증가(부정적 효과)를 초래한다. 그래서 발명가는 부정적 효과를 줄이기 위해 엔진 출력의 일부 양만을 증가시키려고 생각한다(타협책).

비행기의 속도를 높이기 위해 새롭고 더욱 강력한 엔진을 설치한다. 그러자 비행기가 무거워져 날개의 양력이 약해지기 때문에 비행기가 뜨지 못한다. 날개의 크기를 늘리자 공기 저항이 증가하여 비행기의 속도가 줄어든다.

위의 사례들은 개선이 어떻게 모순을 초래하는지 보여준다. 기술적 모순이 근본적으로 해결되지 않았으므로 개선의 목표가 완전히 성취되지 못했다. 이런 모순은 기술시스템의 내부에서 일어나기 때문에 기술적 모순이라 한다. 40가지 원리는 기술적 모순을 해결하는데 사용된다.

다른 종류의 모순(물리적 모순)이 있는데, 이것은 기술시스템 또는 그 구성요소에 대해 서로 상반되는 특성을 요구할 때 나타난다. 물리적 모순을 해결하기 위한 여러 가지 방법이 있다(모순되는 조건을 시간적 또는 공간적으로 분리하거나, 물질의 물리적 상태를 바꾼다).

사례: 비행기는 착륙과 이륙을 위해 랜딩기어(착륙장치, 바퀴)를 가지고 있어야 한다. 비행 중에는 공기 저항력의 증가 때문에 랜딩기어가 없어야 한다. 이 물리적 모순은 랜딩기어는 있어야 하면서 동시에 없어야 한다는 것이다. 이 모순은 요구 조건을 시간적으로 분리함으로써 해결된다. 즉 사용하지 않을 때에는 랜딩기어를 비행기 안으로 넣을 수 있게 한다.

고공 다이빙 수영에서 물은 다이빙 선수를 뜨게 하기 위해서 "단단해야(밀도가 높아야)"하고, 다이빙 선수를 다치지 않게 하기 위해서는 "부드러워야" 한다.

물리적 모순: 물은 단단하면서 동시에 부드러워야 한다. 이 모순은 요구 사항을 공간적으로 분리함으로써 해결된다. 기포(공기방울)로 물을 포화시킨다. 수영장에는 물과 공기가 함께 존재한다.

5. 기술시스템의 진화

알트슐러는 기술진화에 관해 여덟 가지 유형을 체계화 하였다.

1. 라이프 싸이클
2. 역동성
3. 다중화 싸이클(하나에서 두개, 또는 여러 개로 바뀌어감)
4. 거시수준에서 미시수준으로 전이(轉移)
5. 동기화
6. 규모의 확대 및 축소
7. 부품들의 불균일한 발전
8. 인간노동력의 대체(자동화)

이러한 유형의 몇 가지에 대해 설명한다.

역동성의 유형은 진화 과정에 있는 어떤 기술이든지 뻣뻣한 구조로부터 유연한 구조로 변화해 간다는 것을 말한다. 이러한 변화는 다음과 같이 요약할 수 있다. 어떤 뻣뻣한 시스템이 처음에는 하나의 연결점(joint)을 가지게 되고, 다음엔 많은 연결점을 가지며, 마침내 전체 시스템이 완전한 유연성을 갖게 된다.

또한 역동성은정점에 있는 시스템이 서로에게 상대적으로 움직일 수 있는 요소들로 분할되는 것을 뜻하기도 한다.

사례: 자동차의 핸들 축은 높이를 조정할 수 있는 하나의 연결점이 있다.

안테나는 접을 수 있는 구조이다.

비행기의 랜딩기어는 접어 오므릴 수 있다.

완전한 역동성에 대한 좋은 사례는 나사드라이버이다. 이것은 두 개의 프링으로 봉(棒)을 만든 것인데, 두 개의 나선형 스프링을 서로 반대 방향으로 감아 하나를 다른 하나의 속에 끼워 넣음으로써 완전한 유연성을 갖는다.

다중화 유형은 기술시스템이 처음에는 단일 시스템으로, 나중에는 다중 시스템으로 진화한다는 것을 의미한다.

비슷한 요소들이 함께 모일 때, 그것을 동형 시스템(homogeneous system)이라 한다. 비슷한 요소들을 조합하면 완전히 새로운 속성이 얻어진다.

사례: 보트 두 개를 이어 붙여서 만든 배(카타마란, catamaran)는 독립된 보트 두 대 보다 훨씬 더 안정적이다.

다른 요소들을 함께 모으면 이형(異型) 시스템(heterogeneous system)이 된다. 이런 시스템은 더 많은 기능을 지니면서도 더 적은 공간을 차지한다.

사례: 호주머니 칼의 경우, 처음에 라이프 싸이클이 하나의 칼날로 시작되었다. 그러다가 여러 종류의 칼날이 추가되었고, 점차 가위, 드라이버, 줄과 같은 여러 형태의 날이 추가되었다.

이형 시스템의 한 가지 변형은 반대 기능을 갖는 것을 추가하여 더 높은 수준의 개선을 얻는 것이다.

사례: 연필과 지우개를 결합한다.

테이프 레코더는 기록과 삭제를 모두 할 수 있다. 다중화 유형은 일반적으로 이형 시스템에 속하는 모든 외부 요소들을 부함으로써 끝을 맺는다. 즉, 시스템이 단일 시스템으로 회귀하고 그래서 새로운 시스템이 탄생한다.

미시 수준으로 전이하는 유형이란, 기술시스템의 요소들은 그 크기가 작아지는 경향을 띠며, 궁극적으로는 미시 수준(분자 및 원자)으로 줄어든다는 것이다.

사례:

1. 축음기는 음반 표면의 골을 따라 이동하는 기계식 바늘로부터 디지털 디스크의 정보를 읽는 광학 시스템으로 변천하였다.
2. 컴퓨터 마우스는 손의 기계적인 움직임을 전기 신호로 변환하는 볼을 가지고 있다. 다음 세대의 마우스인 터치패드는 손가락의 움직임을 전기 신호로 변환한다.

트리즈의 주요 도구: 원리

기술적 모순을 극복하기 위해 사용되는 도구로서 (발명)원리가 있다.

원리는 기술시스템의 안팎에서 어떤 행위를 수행하기 위한 일반적인 제안이다. 예를 들어, 원리-1(분할)은 기술시스템의 한 가지 요소를 서로 연결된 여러 개의 요소들로 나누는 방법을 찾으라고 제안한다.

사례: 타이어가 못에 찔려 구멍이 나고 바람이 빠지는 것을 어떻게 하면 방지할 수 있을까? 분할의 원리는 타이어의 내부 공간을 많은(수백 개, 수천 개, 수백만 개) 구획으로 분할하라고 제안한다.

주기적 작동의 원리는 연속적인 작동을 주기적인 작동으로 대체하라는 의미이다.

사례: 연속적인 물줄기로 잔디에 물을 주게 되면 토양이 훼손된다. 맥동하는 스프링클러 시스템은 이런 문제를 제거한다.

이 책에서 설명하는 40가지 원리는 모든 기술적 모순에 대하여 타협 없이 수많은 해결 개념을 전개할 수 있게 해준다. 선택된 해결 개념을 실행에 옮기는 것은 엔지니어들의 몫이다.

표준해(Standard Solution)

표준해(標準解)는 기술시스템을 합성하고 재구성하기 위한 구조화된 규칙이다.

표준해를 이해하고 그것을 실행에 옮긴 경험이 있으면, 복잡한 많은 문제를 다룰 때 도움이 된다.

1. 표준해는 기존의 시스템을 개선하거나 또는 새로운 시스템을 만들 수 있게 해 준다.

사례: 어떤 시스템을 개선하기 위해 특정 물질을 거기에 첨가해야 하는데, 문제 자체의 근본적인 제약 때문에 그렇게 하는 것이 불가능하다.

한 공장에서 새로운 종류의 철을 생산한다. 쇳물에 여러 가지 첨가제를 넣는다. 혼합공정 중에 혼합기의 회전 날개가 쇳물에 녹아 없어지는 것을 막기 위하여 그 날개에 보호 피복을 입힌다. 그러나 이런 피복은 쇳물을 오염시킬 수 있다.

2. 표준해는 매우 효과적인 방법으로 어떤 문제에 대한 그림을 제공한다. 이것을 물질-장 모델링(S-Field Modeling)이라한다.

기술시스템의 물질-장 모델링은 문제의 핵심을 이루는, 실제 모순이 발생하는 작용영역(Operating Zone)에서 수행된다. 이 영역에는, 두 개의 물질(요소)과 하나의 장(에너지)이 있다. 기술시스템을 개선하기 위하여 기술시스템 중에서 어떤 것을 바꾸어야 하는지 알고자 할 때, 물질-장 모델링 분석법을 사용한다.

다음 그림은 쇳물 혼합기 문제에 대한 물질-장 모델이다. S1은 혼합기의 회전 날개이고 S2는 쇳물이며 F2는 날개(S1)를 녹이는 쇳물의 열에너지이다. 물결 모양의 화살표는 뜨거운 쇳물(S2)과 날개(S1) 사이에 존재하는 해로운 상호작용을 나타낸다. 날개를 보호하기 위해서는 제3의 물질 S3을 도입해야 한다. 날개(S1)를 차갑게(F3) 하여 회전 날개 표면에 외피를 만들어 주면 회전 날개가 쇳물에 녹아나는 것을 방지할 수 있다.

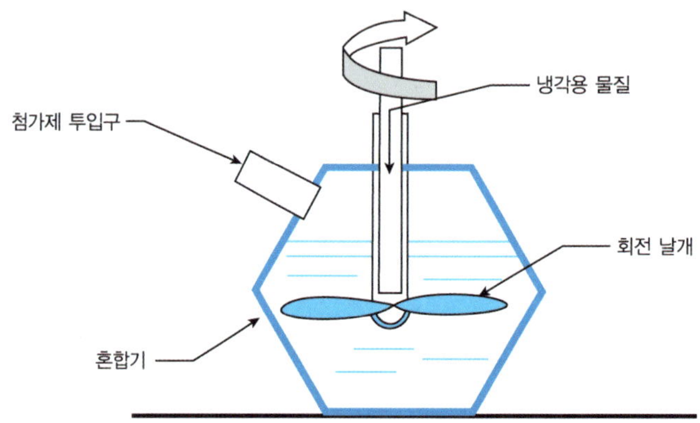

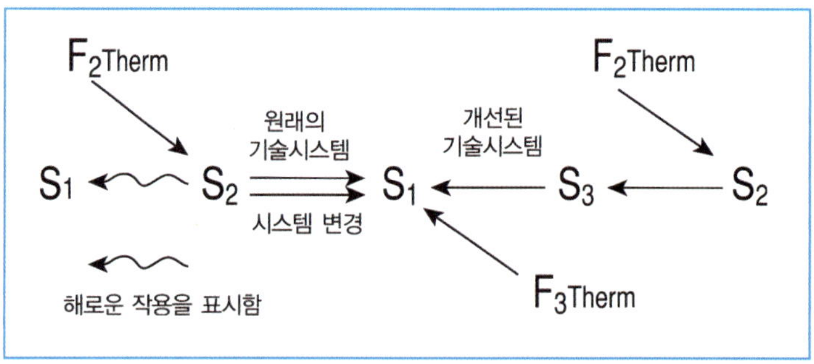

알트슐러는 76개의 표준해를 5개의 그룹으로 나누어 제시하였다.

Class-1: 물질-장을 세우거나 또는 파괴한다.

Class-2: 물질-장을 발전시킨다.

Class-3: 원래의 시스템을 상위시스템 또는 거시 수준으로 전이시킨다.
Class-4: 기술시스템 내의 어떤 것을 측정하거나 찾는다.
Class-5: 기술시스템에 물질이나 장을 도입할 수 있는 방법을 설명한다.

아리즈(ARIZ, Algorithm to Solve an Inventive Problem)

아리즈는 트리즈의 핵심 분석도구로서, 복잡한 문제의 해결책을 얻기 위한 순차적 단계를 제공한다.

아리즈의 최초 버전은 1968년에 개발되었는데, 그 뒤 많은 수정이 가해졌다. 시간의 흐름과 함께 아리즈는 여러 가지 기술적 문제를 해결할 수 있는 가장 정교한 도구가 되었다.

가장 최근의 버전인 아리즈-85C는 1985년에 발표되었으며, 아홉 단계로 되어있고 각 단계는 다시 여러 부속 단계로 되어있다. 그 아홉 단계를 간략히 설명하면 다음과 같다.

단계-1: 문제의 분석

우선, 모호하게 정의된 문제 진술을 간단하게 진술된 작은 문제로 바꾼다(이때 특정 산업분야에서 쓰이는 전문용어는 사용하지 말 것).

사례: "A, B, C라는 요소로 이루어진 어떤 기술시스템은 기술적 모순 TC가 있다(모순진술). 이 시스템에 최소한의 변화를 가하여 요구 기능 F를 얻어야 한다(기능진술)."

이런 결과를 얻을 수 있는지는 중요하지 않다. 시스템이 똑같은 상태를 유지해야 한다(또는 더 단순하게 된다)는 점을 말하는 것이 중요하다.

또한, 단계-1은 서로 충돌하는 상황, 즉 기술적 모순에 대한 분석을 제공한다. 이때 더좋은 해결책을 얻기 위해서 어떤 모순을 더 고찰해야 하는지 밝혀내야 하는데, 그러면 문제의 모델이 세워진다.

단계-2: 문제의 모델 분석

작용영역에서 일어난 갈등 상황을 간략히 모델화한 도표로 나타낸다(작용영역은 갈등이 일어나는 특정 범위의 구역이다). 그런 다음, 이용할 수 있는 모든 자원들에 대한 평가를 실시한다.

단계-3: 이상적 최종결과(IFR)의 정립

일반적으로 이상적 최종결과(IFR, Ideal Final Result)는 작용영역에서 시스템의 중요한 요소에 대한 상반되는 요구조건을 밝혀주는데 이것이 바로 물리적 모순이다.

이러한 세 가지 단계를 거친 결과, 모호한 문제는 '물리적 모순'이라는 특정한 물리적 문제로 변환된다.

많은 경우에 있어서, 단계-3의 끝에 이르면 문제가 해결된다. 물론, 단계-7, 단계-8 또는 단계-9까지 진행될 수도 있다. 또한 아리즈(ARIZ)에는 물리적 모순을 해결하기 위한 몇 가지 추가 단계가 있는데, 거기에 그 권장사항이 제시되어 있다.

단계-4: 외부 물질과 장(場) 자원의 활용

문제가 여전히 문제가 분명하지 않다면, 문제를 더 명확히 이해하기 위해 단계-4의 "난쟁이" 모델(상상하는 방법)을 이용한다.

단계-5: 정보 데이터 뱅크의 활용

표준해를 물리 효과 데이터베이스와 연결시켜 적용함으로써 문제가 해결되는지 살펴본다.

단계-6: 문제의 변경 또는 재정립

문제가 여전히 해결되지 않는다면, 원점으로 되돌아가 상위시스템의 관점에서 문제를 재정립한다. 이와 같은 순환 과정은 여러 차례 행해질 수 있다.

단계-7: 물리적 모순의 제거방법에 대한 분석

이 단계의 목표는 해결책의 질(質)을 점검하는 것이다. "물리적 모순이 가장 이상적으로 제거되었는가?"

단계-8: 발견한 해결책의 이용

결과에 대한 분석을 통해 인접한 시스템에 새로운 시스템이 존재하는지, 다른 기술 문제에 얻은 해결책을 응용할 수 있는지 살펴본다.

단계-9: 해결책 유도 단계의 분석

문제 해결에 사용된 과정을 아리즈가 제시하는 과정과 비교 점검 한다. 장래에 이용하기 위해 그 차이를 분석한다.

트리즈의 강력한 여러 가지 도구들을 마스터하기 위해서는 많은 시간과 많은 연습문제를 다루어 보아야 한다. 독자들이 트리즈의 여러 도구를 마스터하는 데에 이와 같은 시리즈의 책들이 많은 도움이 되기를 희망한다.

TRIZ Tools 40 Principles

PART 2

40가지 발명원리

1. 분할(Segmentation)

A. 한 물체를 독립적인 여러 부분으로 나눈다.

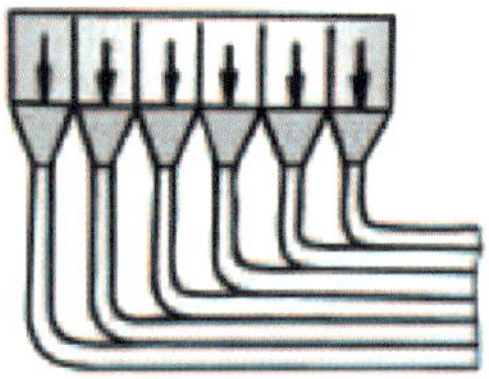

급기 덕트의 굴곡부를 작은 파이프로 분할하여 공기의 흐름을 좋게하고 난류를 줄인다.

B. 물체를 구획화 한다(분해,조립이 쉽도록).

임시 교통신호등의 기둥 : 플렉시블 조인트(flexible joint)로 여러 개의 파이프를 연결하여 만들면 운반과 설치가 쉽다

C. 물체의 분할 정도를 더욱 높인다.

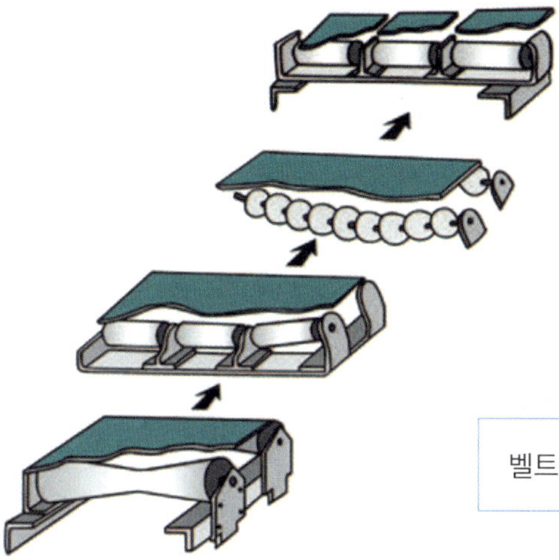

벨트컨베이어가 발전되어 온 과정

2. 추출(빼내기, 회수, 제거)

(Extracting, Retrieving, Removing)

A. 물체에서 "방해가 되는" 부분이나 특성을 추출한다.

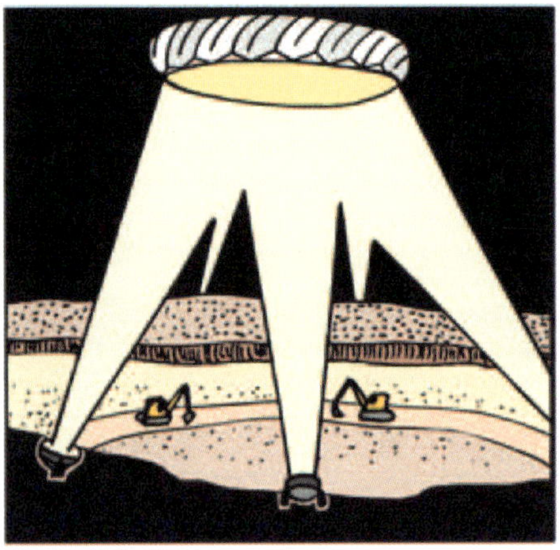

여러 개의 고광도 조명을 풍선에 매달아 공중에 띄우는 대신, 풍선에 하나의 반사판을 붙여 풍선을 공중에 띄운다. 그런 다음 지상에 설치한 조명등으로 반사판을 비춘다.

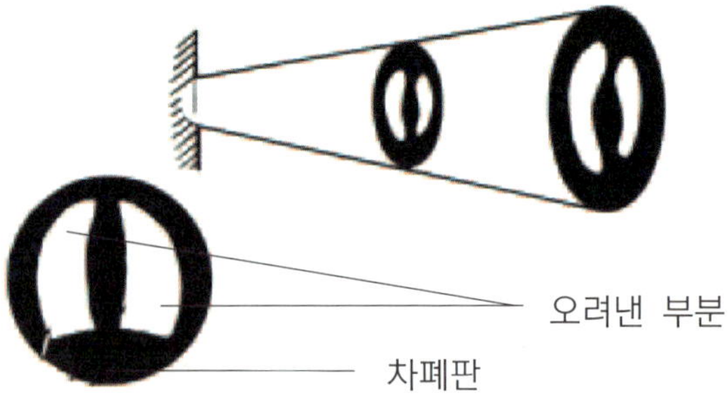

흉부 X-ray 촬영에서 방사선에 지나치게 노출되는 것을 막기위해 필요한 부위만 방사선을 쬐도록 납 차폐판을 사용한다.

B. 물체에서 "필요한" 부분이나 특성만을 추출한다.

광산 구조대원의 의복은 부풀어 오르는 에어-백으로 되어 있다. 냉각장치를 별도의 용기로 만들어 바닥에 내려 놓으면 구조대원은 활동하기가 편하다.

MEMO

3. 국소적 성질

(Local Quality)

A. 물체나 외부 환경(작용)의 구조를 동질적인 것에서 이질적인 것으로 바꾼다.

탄광에서 분진을 줄이기 위해 굴착기와 적재기의 작업 장소에 원추형의 물 안개를 분사한다. 물 입자가 미세할수록 분진억제 효과는 커지지만 미세한 물입자들이 형성하는 안개가 시야를 가려 작업을 방해한다.
해결책: 분진이 일어나는 장소에 미세한 물입자를 원추형으로 분사하고 그 주변에는 거친 물 입자를분사한다.

B. 물체의 여러 부분들이 서로 다른 기능을 수행하게 한다.

분진 여과기는 다공질의 박막으로 되어 있다. 바깥 여과막은 1차 여과를 위해 구멍이 큰 다공질로 하고, 안쪽은 작은 입자를 걸러내도록 미세한 다공질로 한다.

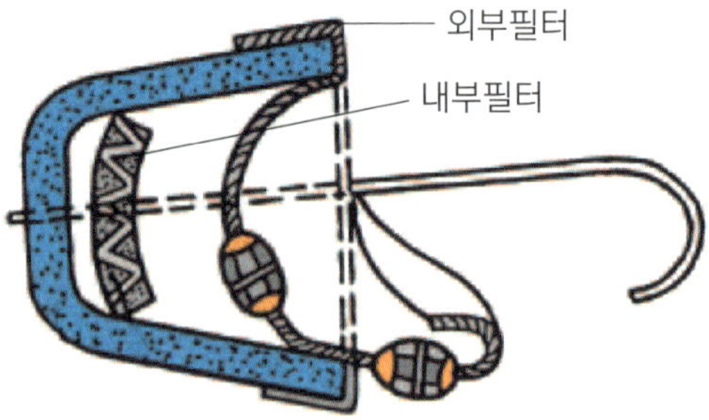

C. 물체의 각 부분을 작용상 가장 유리한 조건이 되도록 배치한다.

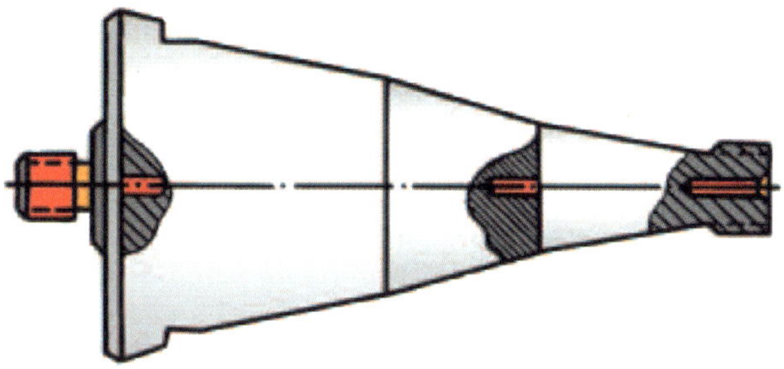

구멍을 뚫는 초음파 장치는 온도를 낮추기 위해 중앙부는 열전도체로 되어 있고 바깥 둘레 부분은 절연체로 되어 있다.

MEMO

4. 비대칭(Asymmetry)

A. 대칭형을 비대칭형으로 바꾼다.

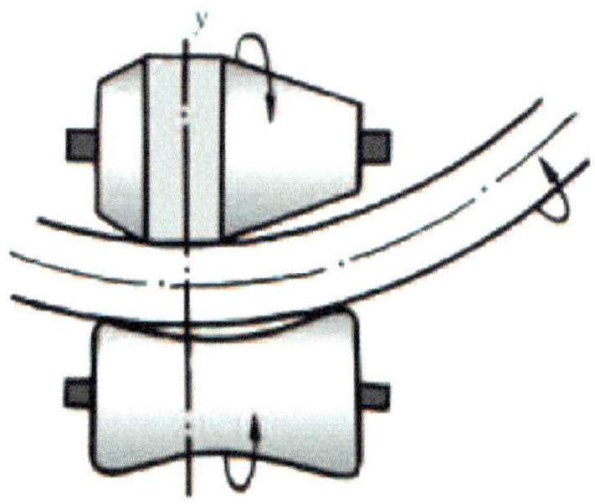

구부러진 철사를 반듯하게 하는 장치는 두개의 롤러로 되어 있는데, 하나는 면이 볼록하고 다른 하나는 목하다. 이렇게 Y-축에 대해 비대칭으로 함으로써 산성과 품질을 개선할 수 있다.

눈자동차(雪上車)의 구동드럼은 눈과의 밀착을 더욱 높일 수 있도록 틀어진 각도(비대칭)로 차량과 연결되어 있다.

B. 물체가 이미 비대칭이라면, 그 비대칭의 정도를 더욱 높인다.

전기로는 전극봉을 비대칭으로 배치하여, 광석의 투입과 쇳물의 배출이 연속적으로 이루어지게 한다.

MEMO

5. 통합(Consolidation)

A. 동질적인 물체 또는 연속적으로 작동하도록 되어 있는 물체를 공간적으로 통합한다.

두 개의 엘리베이터를 결합하여 폭이 큰 화물을 운반한다. 이렇게 하기 위해 중간 칸막이를 떼어낸다.

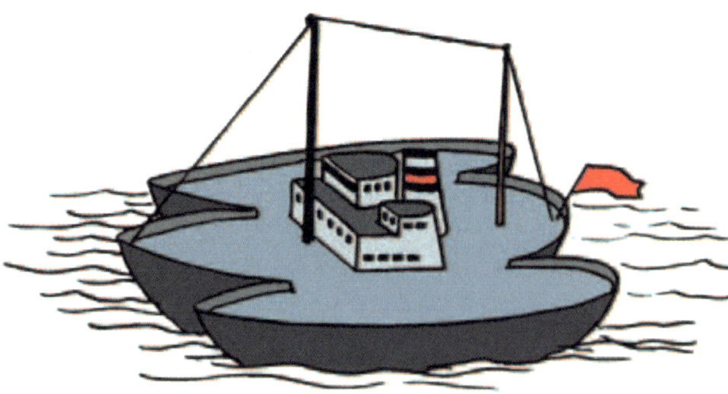

세 개의 선체를 붙인 선박의 경우 선체사이에서 일어나는 파도의 간섭이 물과의 마찰을 줄인다.

B. 동질적이거나 연속적인 동작을 시간적으로 통합한다.

굴착기의 회전식 삽에 설치된 노즐을 통해 뜨거운 증기를 분사하면 언 땅이 녹아 굴착이 쉽다

6. 범용성/다용도

(Universality)

A. 한 가지 물체로 여러 가지 다른 기능을 수행하게 한다. 그러면 나머지 다른 요소들을 제거할 수 있다.

돛단배의 빈 용골에 무거운 배터리를 설치하여 배의 안정에 필요한 무게를 얻는다. 배가 항해 중일 때 프로펠러는 배터리를 충전하는 발전기로 쓰이고, 바람이 없는 날씨에는 배터리로 프로펠러를 회전시켜 배를 나아가게 한다.

모자는 핸드백으로도 사용할 수 있다.

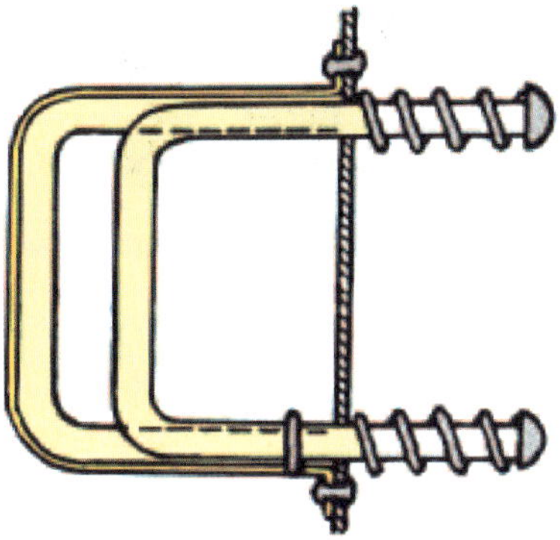

가방 손잡이를 엑스팬더(근육단련기구의 일종)로 사용할 수도 있다.

옷가방의 손잡이는 다리미로도 사용할 수 있다.

MEMO

7. 포개기(Nesting)

A. 한 물체를 다른 물체 속에 넣는다. 그 물체를 또 다른 물체 속에 넣는다.

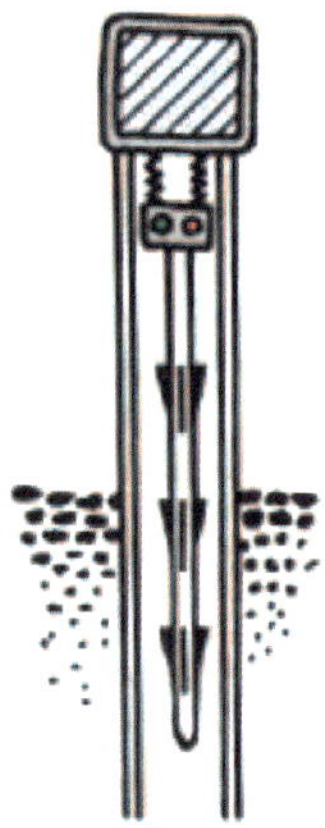

속이 빈 콘크리트 파이프를 땅 속에 박기 위해, 진동장치를 파이프 내부에 설치한다.

연료 저장을 위한 해양의 부유식 저장고는 그 하나에 여러 종류의 리름을 저장할 수 있다.

B. 한 물체가 다른 물체의 구멍을 통과한다.

초음파 집속장치는 러시아의 "마트료쉬카*" 인형세트처럼 포개지는 구조에 의해 그 유효길이를 줄인다.

*마트료쉬카(Matrioshka)는 러시아의 유명한 인형세트로서, 인형 속에 작은 인형이 들어 있고 다시 그 속에 더 작은 인형이 들어 있다.

MEMO

8. 평형추(Counterweight)

A. 물체의 무게를 상쇄하기 위하여 물체를 양력(들어올리는 힘)을 내는 다른 물체와 결합한다.

풍선을 이용하면, 강을 횡단하는 임시 케이블을 공중에 띄울 수 있다.

B. 물체의 무게를 상쇄하기 위해, 외부 환경의 영향을 받는 기억학적/유체역학적인 힘을 이용한다.

손잡이가 위로 뜨는 페인트 붓

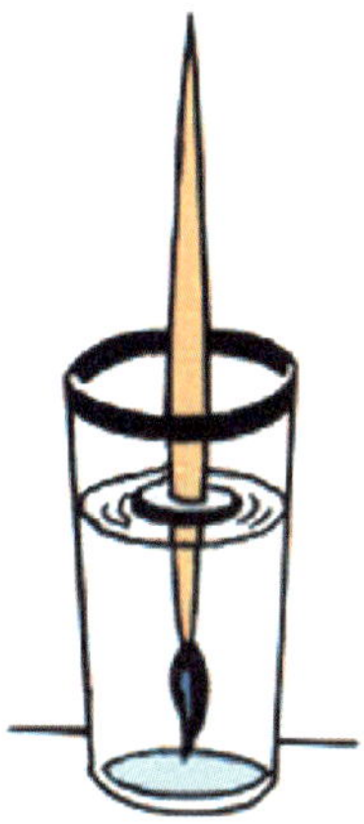

파도가 선체에 부딪혀 일어나는 바닷물을 이용하여 휘발성 액체를 운반하는 유조선 상부 갑판을 냉각시킨다.

MEMO

9. 선행 반대 조치

(Prior Counteraction)

A. 너무 크거나 바람직하지 않은 응력을 상쇄하기 위해 물체에 미리 응력을 가한다.

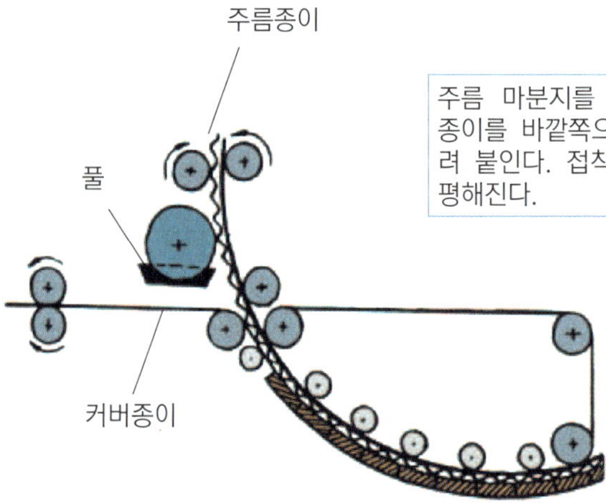

주름 마분지를 생산하는 공정에서, 커버종이를 바깥쪽으로 대고 주름종이를 구부려 붙인다. 접착제가 마르면 마분지가 평평해진다.

터빈의 복합형 축(shaft)은 터빈의 회전과 반대 방향으로 미리 비틀어 놓은 여러 개의 파이프로 되어 있다. 축의 강도는 높으면서도 그 중량은 다른 축의 절반밖에 안 된다.

압축응력(pre-stressed) 제품을 만드는 새로운 기술이 제시되었다. 회전판 위에 제품을 올려놓고 돌리면, 제품이 냉각되면서 내부의 압축 인장력이 높아진다. 이것은 압축응력 콘크리트의 경우도 마찬가지다. 그런 식으로 건조된 콘크리트는 높은 인장강도를 갖게 된다(주로 교량의 경우에 적용함: 역자주).

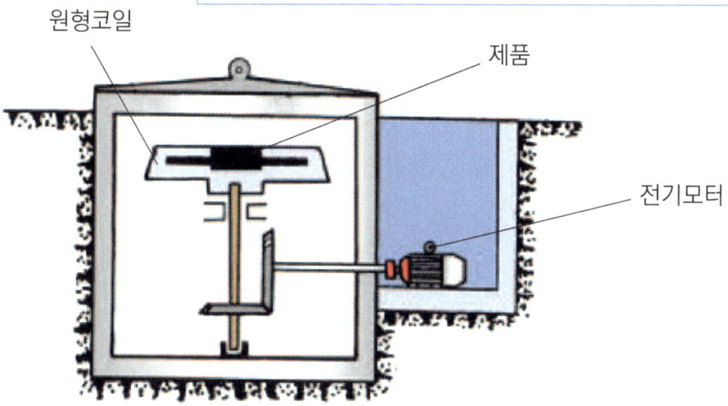

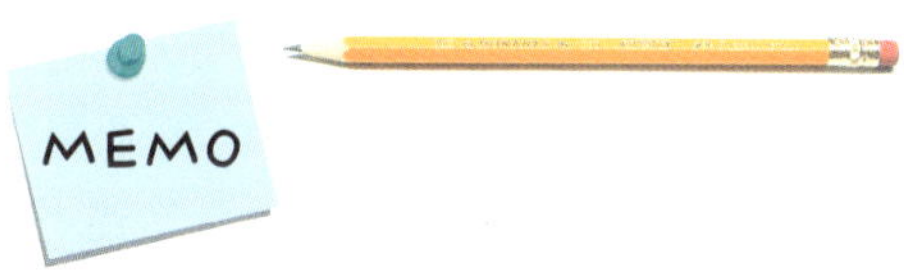

10. 선행 조치

(Prior action)

A. 물체에 필요한 변화를 미리(완전히 또는 부분적으로) 가한다.

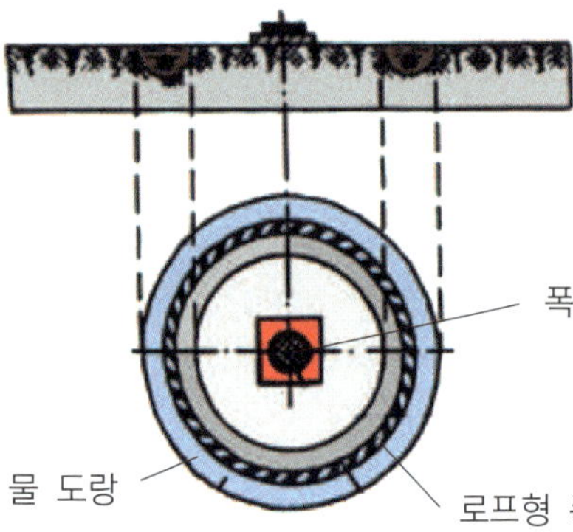

개활지에서 폭파작업을 할 때, 물 '커튼'으로 흙먼지의 발생을 방지할 수 있다.
주 폭발이 일어나기 직전에 도랑에 있는 물을 미리 폭파시켜 물 커튼을 만든다.

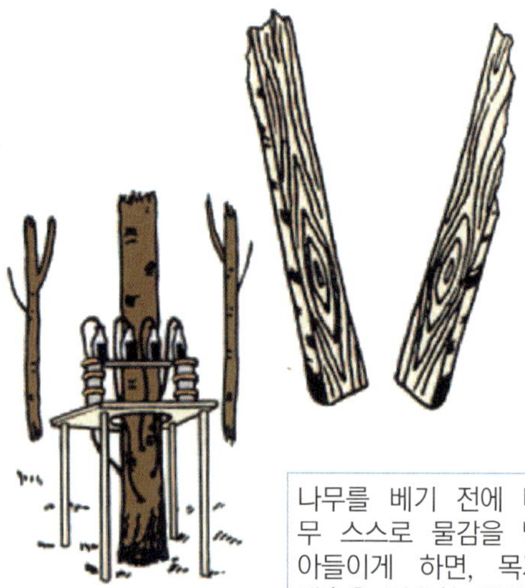

나무를 베기 전에 나무 스스로 물감을 빨아들이게 하면, 목재 내층을 필요한 색상으로 물들일 수 있다.

B. 가장 편리한 위치에서 즉시 작동할 수 있도록 물체의 위치를 미리 잡아둔다.

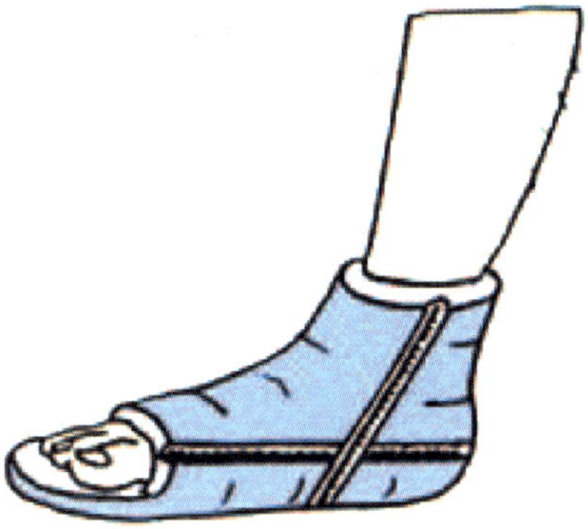

피부 손상 없이 깁스를 제거할 수 있도록, 깁스를 만들 때 그 속에 미리 톱날을 넣어두고 나중에 깁스를 잘라내는 데 사용한다.

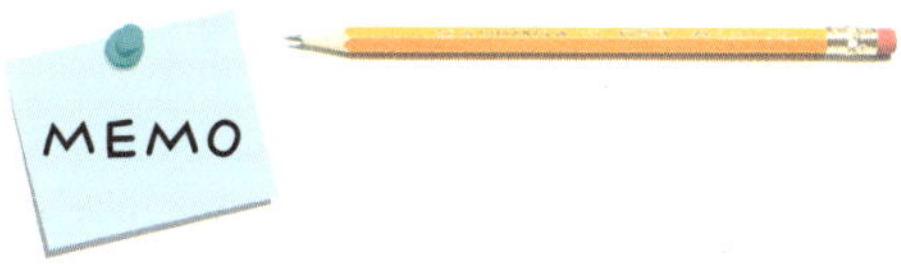

11. 사전 예방

(Cushion in Advance)

A. 어떤 물체의 신뢰성이 그다지 높지 않은 경우, 미리 준비된 상수단을 써서 보완한다.

물이 고갈되는 것을 막기 위해저수지 바닥에 미리 플라스틱필름을 깔아둔다.

급커브 도로에 사고 방지용 폐타이어를 설치해둔다

도난을 막기 위해 상표에 자성띠를 삽입한다. 물품이 도난 당하는 순간 경보를 낸다.

독극물을 쉽게 식별할 수 있도록 특수 화학물질 표찰을 그릇에 붙인다.

MEMO

12. 높이 맞추기

(Equipotentiality)

A. 물체를 들어 올리거나 내릴 필요가 없도록 작업조건을 바꾼다.

컨테이너를 트럭에 직접 들어올려 싣는 대신에 유압장치로 컨테이너를 약간만 들어올린다. 그러면 트럭안으로 컨테이너가 미끄러져 들어간다.

커다란 콘크리트 파이프를 운반하는 차량은 파이프를 높이 들어올릴 필요가 없다. 파이프 속에 바퀴를 단 지지대를 삽입하여 조금만 들어올려 목적지까지 옮긴다.

MEMO

13. 반대로 하기

(Do It in Reverse)

A. 문제가 요구하는 직접적 조치 대신에 반대 조치를 취한다.

(예를 들어, 가열 대신 냉각하기).

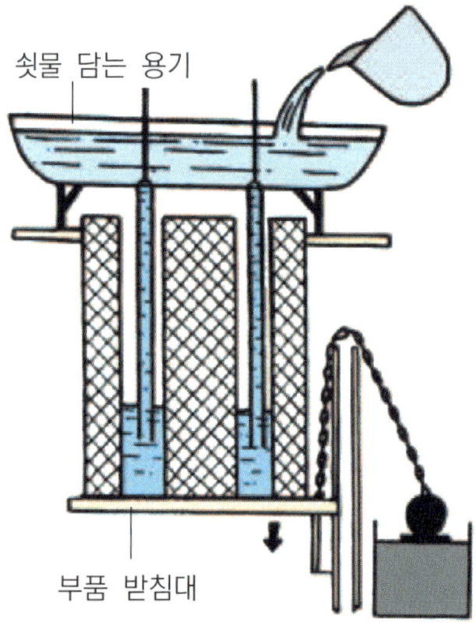

크고 얇은 금속 부품을 주조할 때, 쇳물 담은 용기는 고정하고 부품을 지지하는 받침대를 움직인다.

B. 물체나 외부 환경에서 움직이는 부분을고정시키고 고정된 부분을 움직이게 한다.

수영 연습장: 수영하는 사람은 이동하지 않고 그와 반대로 물이 이동한다.

C. 물체의 위와 아래를 뒤집는다.

프라이팬 뚜껑에도 전기 버너를 설치하면 위 아래 양면에서 동시에 요리가 이루어진다.

MEMO

14. 구형화

(Spheroidality)

A. 직선을 곡선으로, 평면을 곡면으로, 입방체를 구체로 바꾼다.

비행장의 순환형 활주로는 길이에 제한이 없다.

B. 롤러, 볼, 나선형을 이용한다.

농업에 쓰는 쟁기는 칼날형 대신에 롤러형을 사용한다. 그러면 작업 속도가 두 배나 빨라져 효율적이다.

C. 직선운동을 회전운동으로 바꾼다. 원심력을 활용한다.

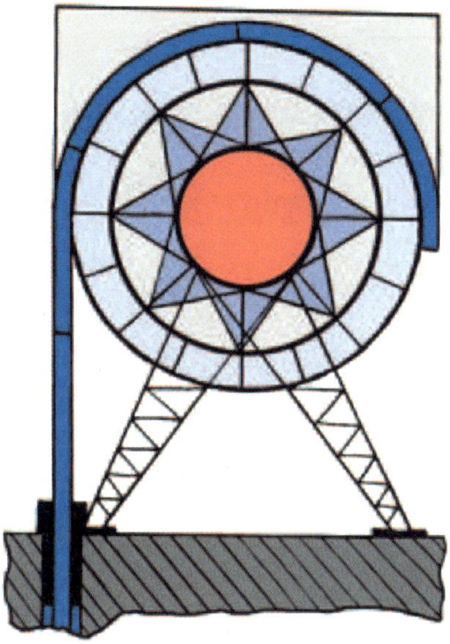

유정탑에는 직경 80~90미터의 바퀴가 있다. 시추공을 뚫는 파이프를 해체하지 않고 이 바퀴에 그냥 감아올리면 그 작업속도가 여섯 배나 빨라진다.

MEMO

15. 역동성(Dynamicity)

A. 물체나 외부환경 특성을 변화시켜 작동단계마다 최고의 성능을 내게 한다.

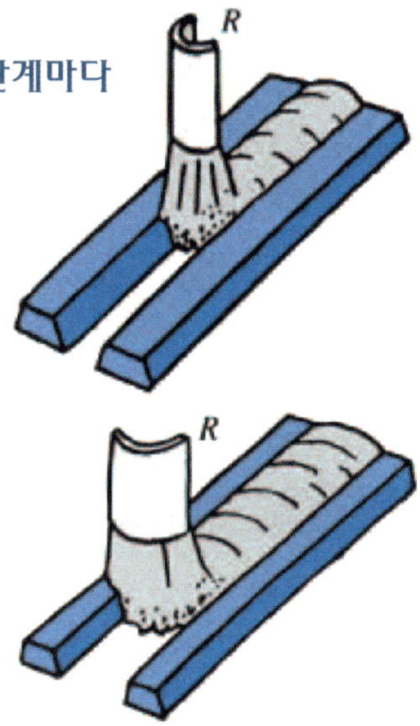

리본형 용접봉을 쓰는 용접기 에서는 용접봉의 지름 R을 변경하여 접합선(seam)의 크기를 조절할 수 있다.

B. 움직일 수 없는 물체를 움직일 수 있도록 만든다. 물체를 서로 교환할 수 있게 만든다.

무용 기교를 높여주는 회전 치마(허리 부위에 베어링을 달았다. 역주)

C. 물체의 상대 위치를 서로 바꿀 수 있도록 물체를 부분으로 분할한다.

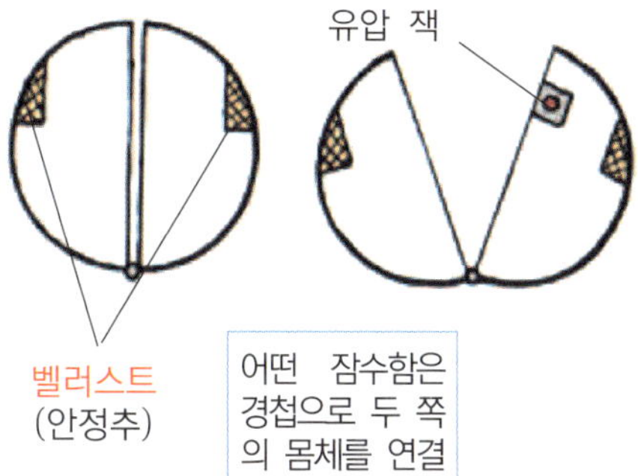

어떤 잠수함은 경첩으로 두 쪽의 몸체를 연결한 구조로 되어 있다.

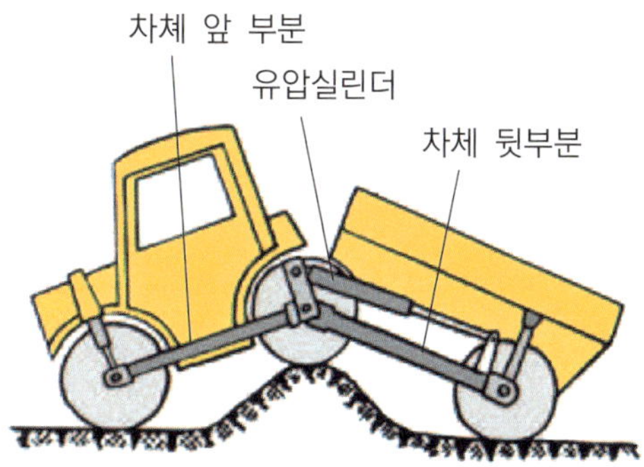

거친 땅을 다니기 위한 유연한 차량

밸러스트(ballast): 배의 무게 안정성을 높이기 위해 싣는 짐으로 화물이 적을 때 특히 필요함(역주).

16. 과부족 조치

(Partial or Excessive Action)

A. 원하는 효과를 100% 달성하는 것이 어렵다면, 그보다 많게 또는 적게 달성한다.

자성 전도체를 만드는 공정에서, 세라믹 판 전체에 우선 강자성 물질과 도전성 물질을 흠뻑 바른다. 그다음 작업에서 여분을 기계로 깍아내면 채널 내부의 꼭 필요한 부분에만 자성 전도성 물질이 남는다.

광택 연마 전

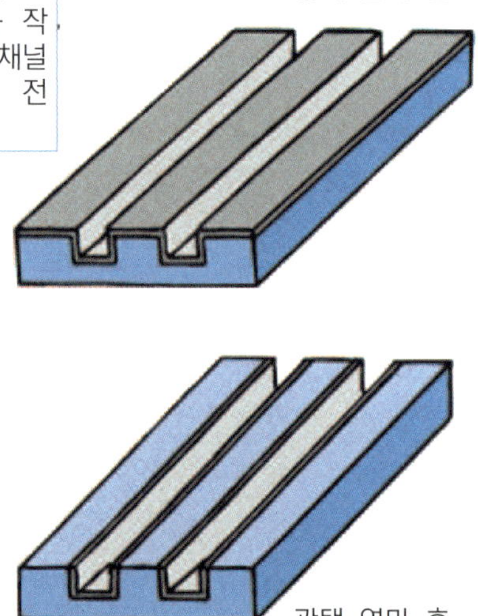

광택 연마 후

우박의 형성을 방지하기 위하여 살포하는 반응제의 사용량을 줄이려면, 우박이 내릴 것으로 예상되는 구름에만 반응제를 포격한다.

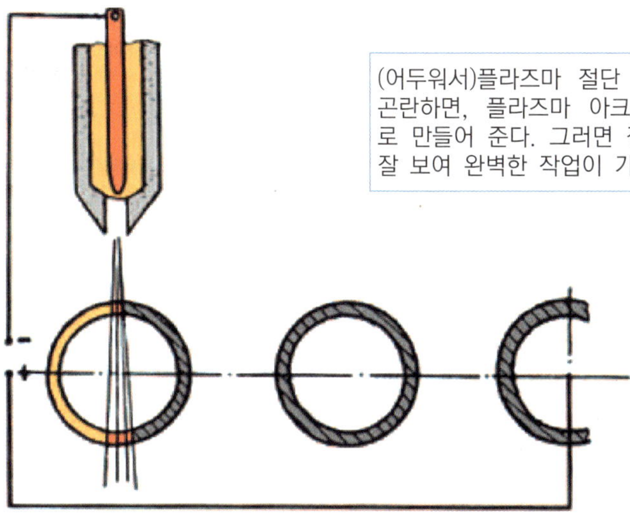

(어두워서)플라즈마 절단 과정을 관찰하기 곤란하면, 플라즈마 아크를"과도한"불꽃으로 만들어 준다. 그러면 절단 작업 과정이 잘 보여 완벽한 작업이 가능하다.

17. 차원 바꾸기

(Transition Into a New Dimension)

A. 물체의 1차원 이동 및 배치를 2차원으로 바꾼다. 2차원을 3차원으로 바꾼다.

빙상 경기장의 얼음 깎는 장치를 차량 밑에 설치한다.

B. 물체의 다층 구조를 활용한다.

C. 물체를 기울이거나 옆으로 눕힌다.

통나무를 수직으로 쌓아 저장하기

D. 표면의 반대쪽을 활용한다.

햇빛 반사판을 나무 아래쪽에 설치하여 일조량을 효과적으로 증가시킨다

E. 광선을 물체의 주변 영역 또한 반대쪽으로 투사한다.

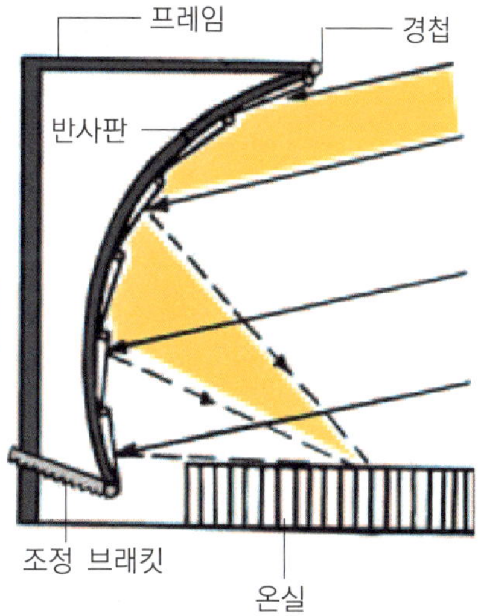

태양 반사판을 설치한 온실

18. 기계적 진동

(Mechanical Vibration)

A. 진동을 이용한다.

요리시간을 줄이기 위해 난류 또는 낮은 주파수의 음파 진동을 이용한다.

B. 이미 진동이 있다면 그 진동수를 초음파까지 증가시킨다.

부품을 초음파 진동이 있는 용액 속에서 청소한다.

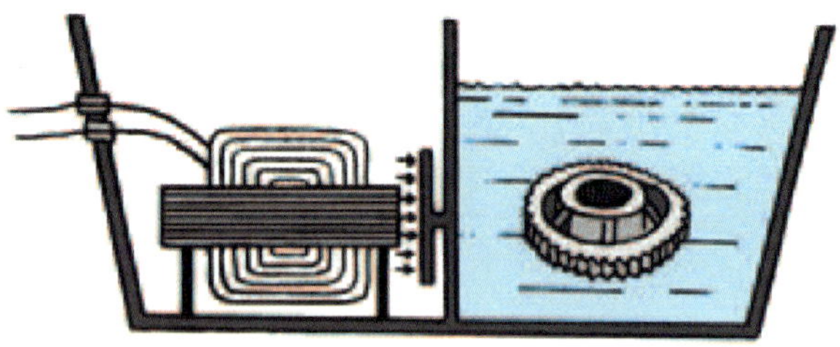

C. 공명 주파수를 이용한다.

D. 기계적 진동을 압전(piezo) 진동으로 바꾼다.

E. 초음파 진동을 전자기장과 연계하여 이용한다.

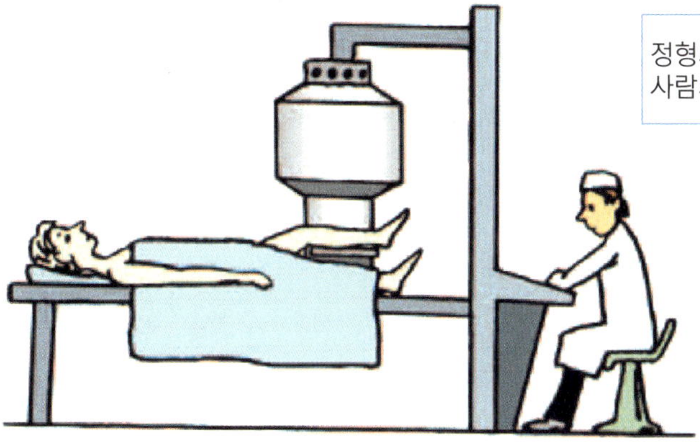

정형외과에서는 초음파를 이용하여 사람의 뼈를 잇는다.

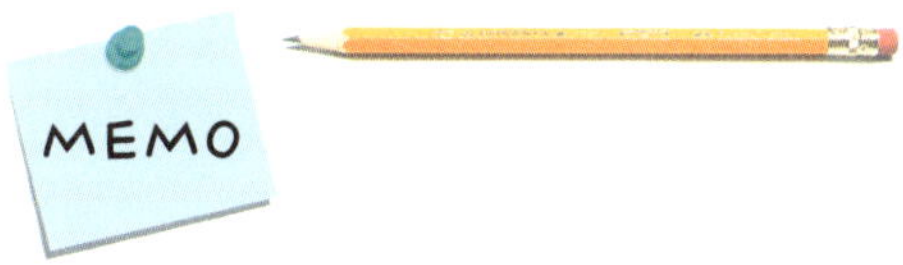

19. 주기적 작동

(Periodic Action)

A. 연속적인 작동을 주기적 순간작동(임펄스, impulse)으로 바꾼다.

B. 작동이 이미 주기적이면 그 주파수를 바꾼다.

C. 추가적인 작동을 제공하기 위해 임펄스 사이의 쉬는 시간을 이용한다.

임펄스식 급수 스프링클러는 작은 물방울을 만들어 토양의 훼손을 막는다.

석탄 채취를 쉽고 빠르게 하기 위해 구멍에 물을 채우고 임펄스 압력을 가한다.

높은 굴뚝 대신에 임펄스를 사용해 굴뚝을 짧게 할 수 있다. 고리 모양의 연기는 3000미터까지 올라간다.

MEMO

20. 유익한 작용의 지속

(Continuity of Useful Action)

A. 중단 없이 작동하게 한다. 물체의 모든 부분들을 최대 성능으로 계속해서 작동하게 한다.

납땜 장치는 연속적인 작업이 가능하도록 롤러 형태의 납땝 팁을 지고 있다.

B. 헛된 동작 또는 중간 동작을 제거한다.

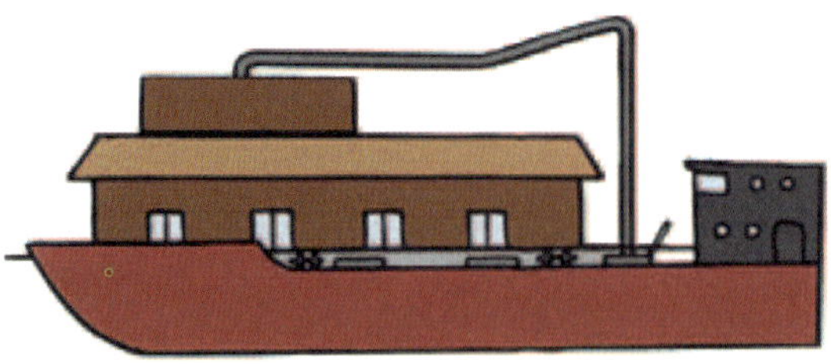

납땜 장치는 연속적인 작업이 가능하도록 롤러 형태의 납땝 팁을 지고 있다.

C. 전진/후퇴의 왕복 동작을 회전 동작으로 바꾼다.

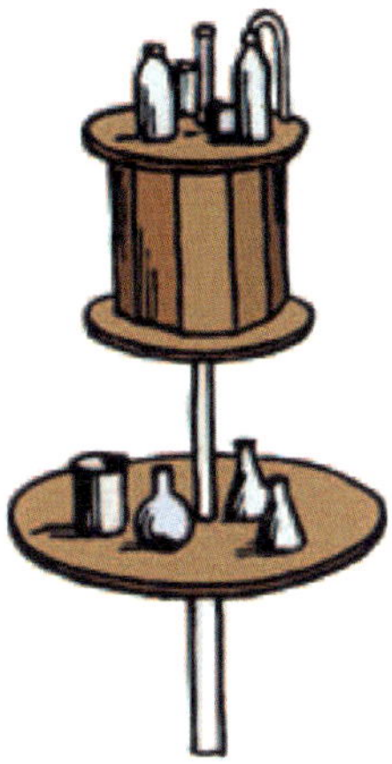

실험실에서 사용하는 회전식 탁자

MEMO

21. 고속 처리(Rushing Through)

A. 해롭고 위험한 작용은 고속으로 처리한다.

목재를 하역하기 위해서 짐배(barge)를 불안전한 높은 각도로 기울어지게 해야 한다. 짐배를 급격히 움직이게 하면 더 안전한 각도로 기울어지게 할 수 있다. 그러기 위해 기울이배(tilter)에서 물을 급속히퍼낸다.

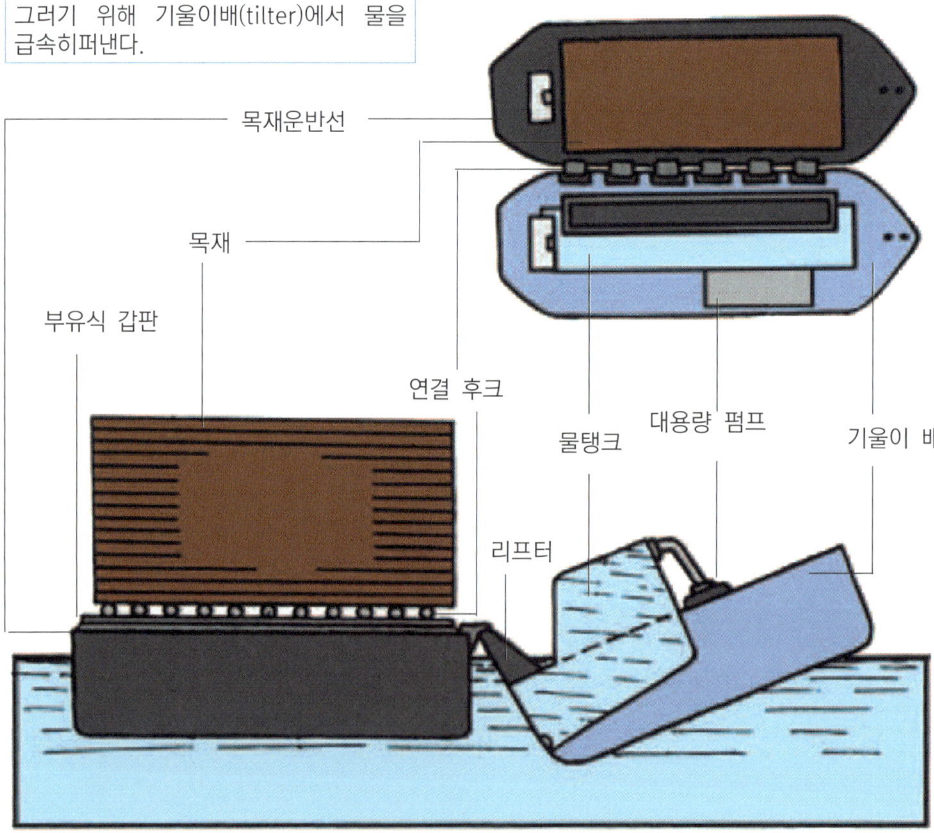

MEMO

22. 전화위복/해로움을 이로움으로

(Convert harm into benefit)

A. 바람직한 효과를 얻기 위해, 해로운 인자(특히, 환경적 인자)를 활용한다.

염기성 액체가 파이프를 통과하면 파이프 내면에 침전물이 쌓인다. 한편, 산성 액체가 파이프를 통과하면 파이프 내부 표면이 부식된다. 같은 파이프에 산성 액체와 염기성액체를 교대로 통과시킨다.

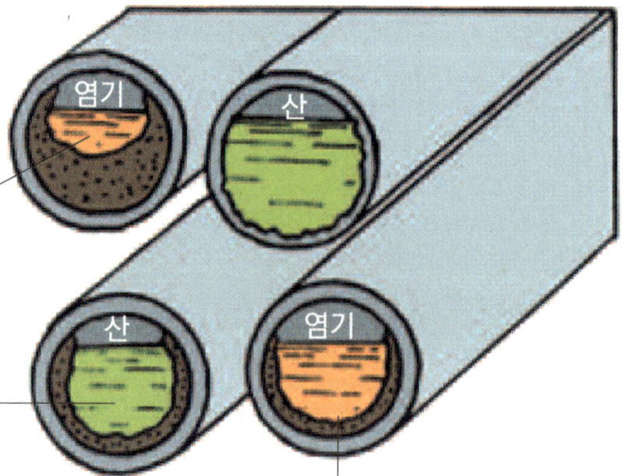

B. 하나의 해로운 인자를 다른 해로운 인자와 결합시켜서 제거한다.

낡은 건물을 폭파하기 전에 그 둘레에 깊은 도랑을 판다. 폭발이 일어나 최초의 충격파가 도랑에 도달하면 그 충격파가 도랑에서 반사되어 뒤따르는 큰 충격파를 중화시킨다.

C. 해로움이 사라질때까지 해로운 작용의 정도를 더욱 증가시킨다.

선천적으로 생긴 붉은 반점을 제거하기 위해, 붉은 반점을 보상하는 초록색 물감을 피부에 주입한다.

MEMO

23. 피드백(Feedback)

A. 피드백(feedback)을 도입한다.

엔진 기화기의 연료 위는 연료통 안에 들어 있는 부유 밸브(float valve)에 의해 저절로 조절된다.

B. 피드백이 이미 존재하면 그것을 변화시킨다.

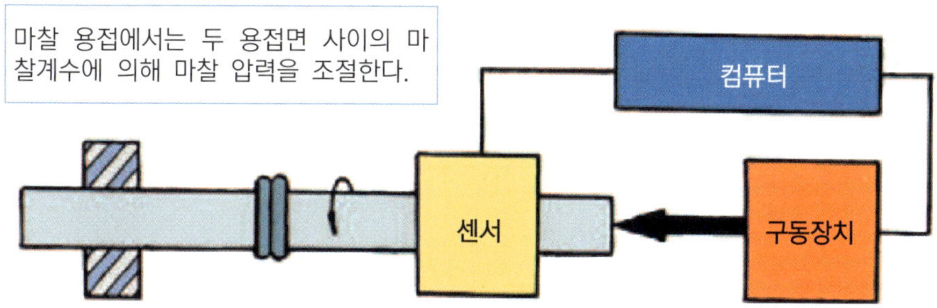

MEMO

24. 매개체(Mediator)

A. 매개체를 사용하여 작용을 전달하거나 수행한다.

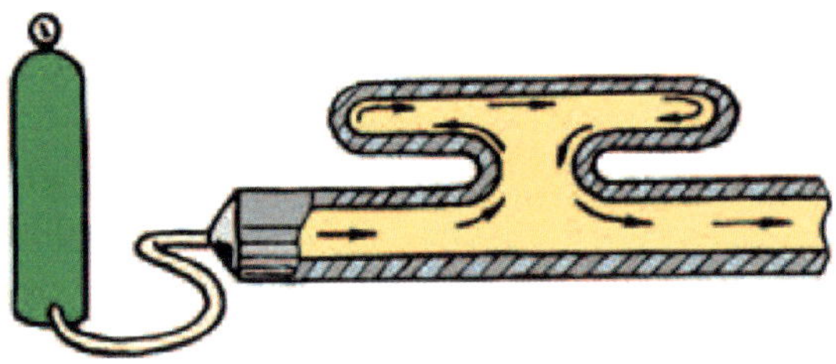

복잡한 모양을 가진 물체의 내부 표면에 보호물질을 바르려고 한다. 이렇게 하기 위해, 이 보호물질을 뜨거운 압축공기와 혼합한다. 그리고 이 혼합물을 복잡한 물체의 재부에 공급한다.

B. 쉽게 제거할 수 있는 물체를 원래 물체에 임시로 연결한다.

단층으로 된 얇은 다이아몬드 판을 만들기 위해, 헝겊에 다이아몬드 분말을 바른다. 그리고 이 헝겊을 판에 붙인 후 헝겊을 아세톤으로 녹인다.

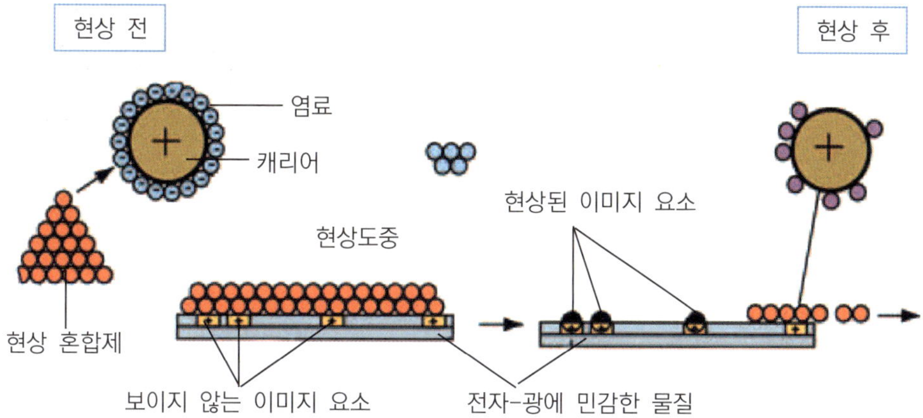

건식 현상기에는 양전하를 띤 '캐리어'라는 유전체 구(球)가 있다. 구 표면을 음전하의 염료 입자로 둘러싼다. 현상 과정에서 염료입자는 사진 층에 숨은 영상이 지닌 강한 양전하의 영향에 의해 구 표면으로부터 떨어져 나간다.

MEMO

25. 셀프서비스(Self Service)

A. 물체가 스스로 서비스 하거나 보충 및 수리 작업을 수행한다.

잠수부가 사용하는 산소탱크의 공기압은 200 psi이다. 공기가 폐에 도달할 때까지 그 압력을 3~4 psi로 떨어뜨려야 한다. 그렇게 하기 위해서 압축공기를 잠수부가 등에 착용하는 지느러미형 추진장치 안으로 통과시킨다. 그러면 수중 항해 거리가 일곱 배나 들어난다

B. 버리는 재료와 에너지를 이용한다.

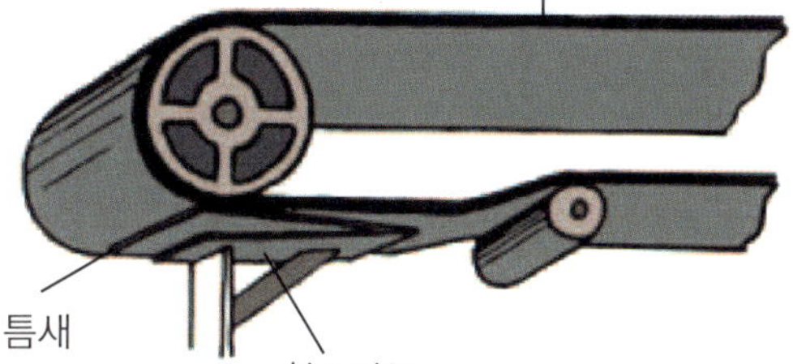

컨베이어 벨트를 청소하는 기구는 빨리 닳는다. 이상적이라면 그 기구는 영원히 쓸 수 있어야 한다.

제안 :컨베이어 벨트와 그 청소 기구 사이에 틈새를 둔다. 재료 중의 부슬 부슬한 입자가 브러시 면 위에 떨어져 틈새가 줄어들면 문질러 닦는 효과를 얻게 된다

V자 모양의 콘크리트 하천 댐은 지진이 일어날 때에 스스로 틈새를 메우는 작용을 한다. 모래 속으로 댐이l 내려앉게 된다.

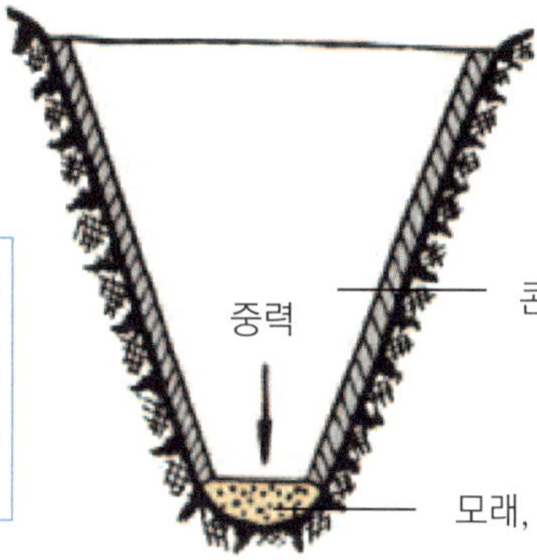

MEMO

26. 복제(Copying)

A. 깨지기 쉽고 다루기 불편한 원래의 제품 대신에 단순하고 값싼 복제품을 사용한다.

B. 가시광선이 사용되고 있으면 적외선 또는 자외선으로 바꾼다.

의사는 입체경(stereoscope)을 사용하여 3차원 영상으로 환자를 관찰할 수 있다.

C. 물체(또는 시스템)를 광학적 이미지로 바꾼다. 그러면 그 이미지를 축소하거나 확대할 수 있다.

열차 위에 실은 통나무의 크기를 측정하는 방법: 사진을 찍은 다음, 사진으로 각 통나무의 크기를 측정한다.

MEMO

27. 일회용품(Dispose)

A. 값비싼 물체를 값싼 물체로 바꾸고 다른 특성들(예를 들어, 수명)과 타협한다.

일회용 바늘

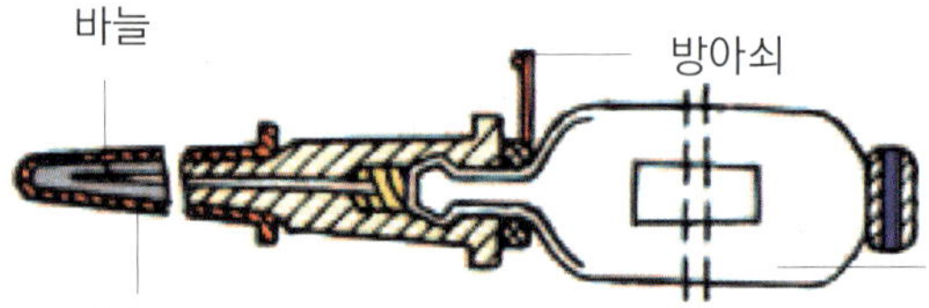

일회용 쥐덫

일회용 기저귀

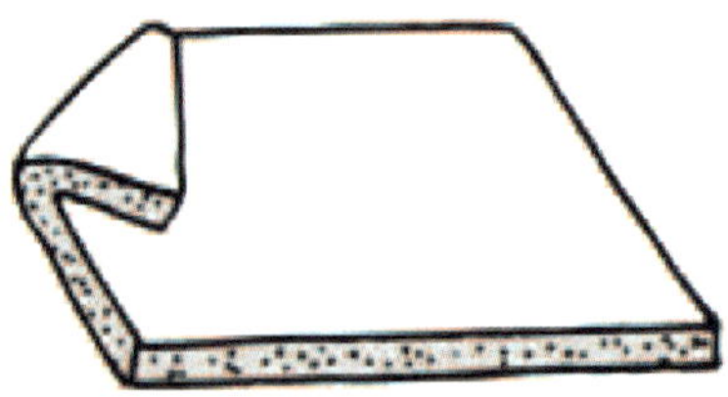

종이 옷

28. 기계시스템의 대체

(Replacement of Mechanical System)

A. 기계시스템을 광학, 음향, 열, 후각 시스템으로 대체한다.

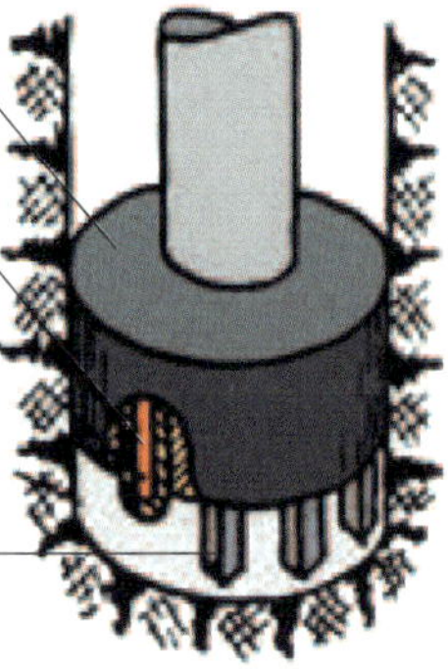

굴착기의 날이 파손되는 시점을 알아내 위하여 냄새를 이용한다.

금속막대와 전기히터를 이용하여 현미경 위의 관찰 대상물체를 미세하게 이동시킬 수 있다.

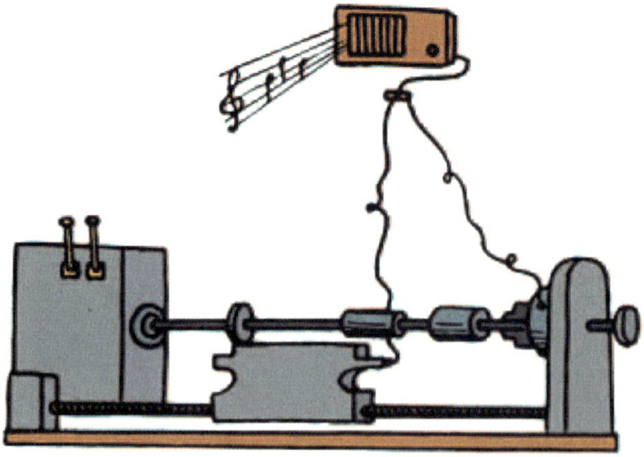

스피커를 이용해서 광택공정을 감시할 수 있다. 스피커에서 나는 색다른 소리는 작업이 종료되었음을 뜻한다.

B. 물체를 전기장, 자기장 또는 전자기장과 상호작용하게 한다.

C. 장(場, field)을 다음과 같이 대체한다:

- 움직이지 않는 장을 움직이는 장으로
- 고정된 장을 시간에 따라 변화하는 장으로
- 불규칙한 장을 구조화된 장으로

D. 장을 강자성 입자와 연계하여 사용한다.

용융금속 위에서 광택 나는 판유리를 제조하는 방법: 전자기파는 용융금속 표면에 조절 가능한 파동을 일으킨다. 이렇게 하면 물결 모양의 판유리를만들 수 있다.

MEMO

29. 공기식/수압식 구조물

(Pneumatic or Hydraulic Constructions)

A. 물체의 고체 부분을 기체나 액체로 바꾼다. 그러면 공기나 물을 사용하여 팽창되거나, 공기 쿠션 또는 수압 쿠션을 사용할 수 있다.

잘 부푸는 이중의 플라스틱 백으로 깁스를 대신할 수 있다.

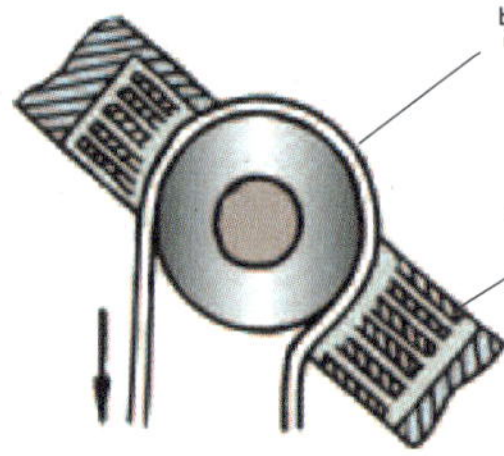

에어백(air bag)을 사용하여 기차 화물을 보호한다.

에어백(air bag)을 사용하여 기차 화물을 보호한다.

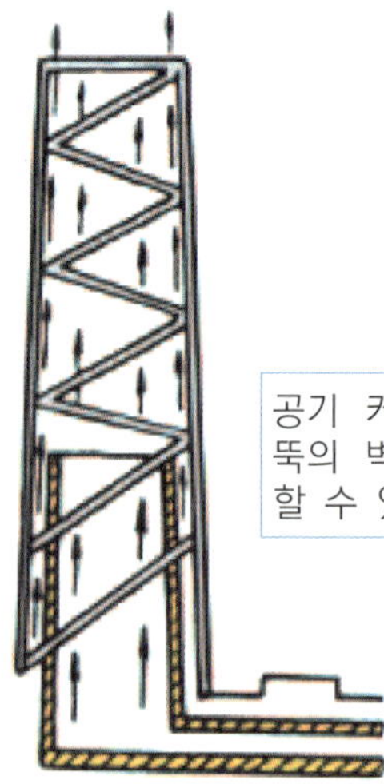

공기 커튼이 굴뚝의 벽을 대신할 수 있다.

자동차에서 사용되는 안전 에어백

사각형 배에서, 배 앞 쪽에 워터 제트(water jet)가 뱃머리의 동적 기능을 제공한다.

MEMO

30. 유연한 막 또는 얇은 필름

(Flexible Membranes or Thin Films)

A. 통상적인 구조물을 유연한 막이나 얇은 필름으로 바꾼다.

유연한 얇은 필름으로 초점거리를 변경할 수 있는 거울을 만든다. 그 속에 공기를 불어넣으면 거울의 곡률을 변화시킬 수 있다.

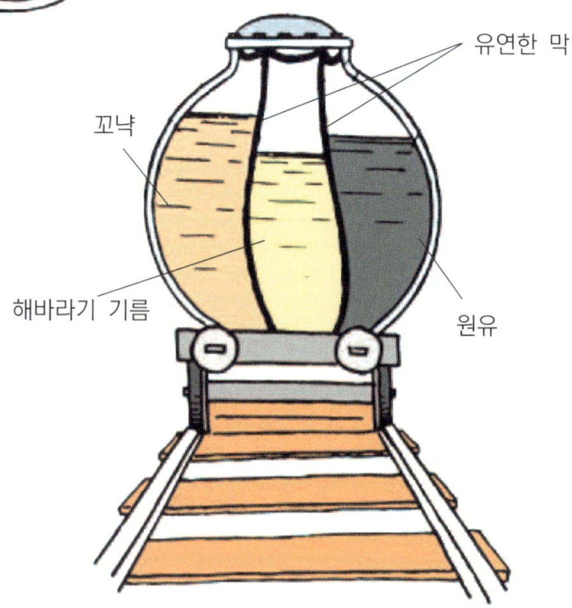

B. 유연한 막이나 얇은 필름을 이용하여 물체를 외부 환경과 분리시킨다.

얇은 고무 필름으로 감싼 전구는
높은 충격에도 견딜 수 있다.

31. 다공질 재료

(Porous Material)

A. 물체를 다공질 재료로 만든다. 또는 보충적인 다공질 요소(삽입물, 덮개 등)를 사용한다.

점성 높은 물질이 표면에 부착되는 것을 방지하기 위해, 벽을 다공질 재료로 만들고 그것을 통해 특수 물질을 펌프질한다.

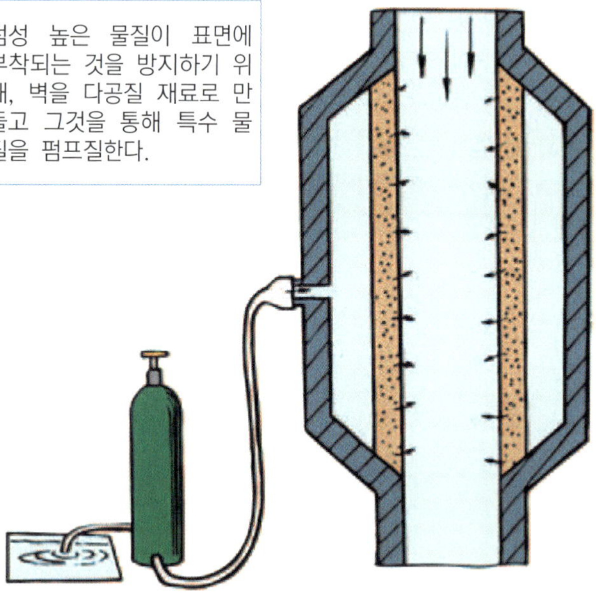

어떤 유압시스템에서 조절 밸브 역할을 하는 다공판을 통해 기름을 펌핑한다.

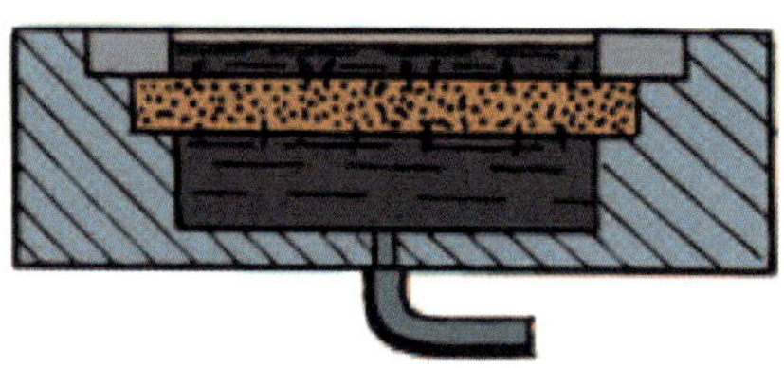

B. 만일 물체가 이미 다공질이면 그 구멍들을 미리 어떤 물질로 채운다.

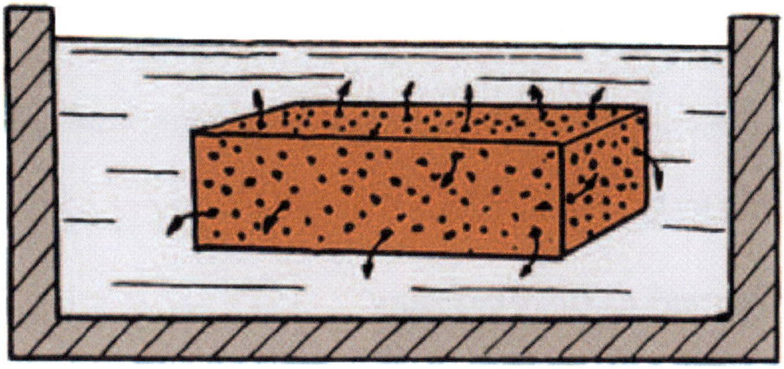

첨가제를 머금은 다공질 벽돌을 이용하여 융상태의 금속에 첨가제를 혼합할 수 있다.

32. 색깔 변경

(Changing the Color)

A. 물체나 외부환경의 색깔을 바꾼다.

빙산에 빨간색을 칠한다. 붉은 염료가 어둠 속에서도 빛을 반사하므로, 밤에 먼 거리에서도 빙산을 알아볼 수 있다.

B. 물체나 외부 환경의 투명도를 바꾼다.

붕대를 투명한 재료로 만들어 상처를 관찰하기 쉽게 한다.

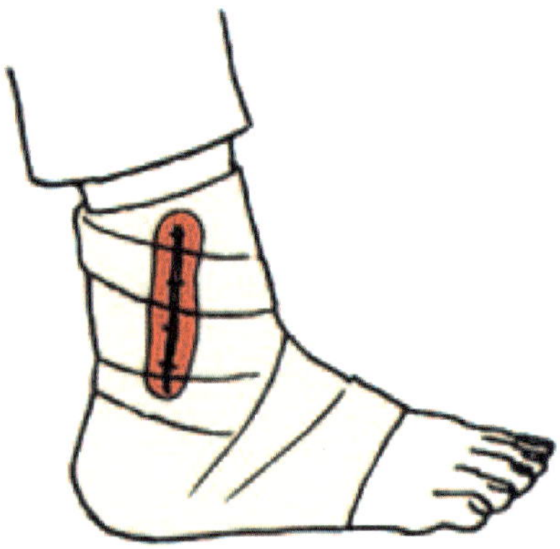

C. 관찰하기 어려운 물체나 과정을 관찰하기 위해 유색 첨가제를 사용한다.

D. 만약 그러한 첨가제가 이미 사용되고 있다면 발광 추적자 또는 추적 원자를 이용한다.

금속 제련공장에서는, 자외선으로부터 작업자를 보호하기 위하여 색깔 있는물 커튼을 이용한다.

MEMO

33. 동질성(Homogeneity)

A. 본체와 상호작용하는 주변 물체를 본체와 동일한 재료(또는 비슷한 성질을 지닌 재료)로 만든다.

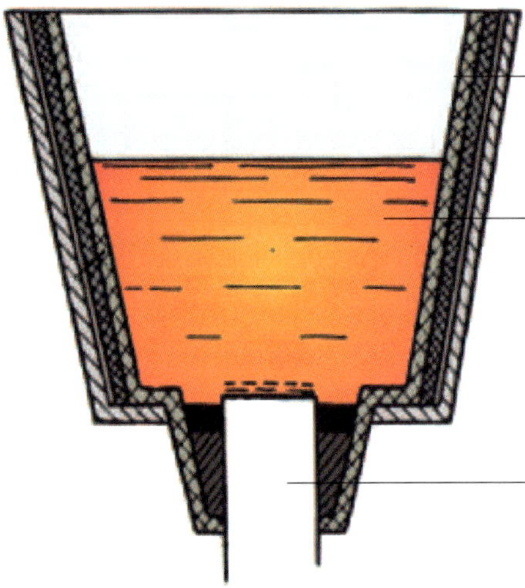

용융금속에 초음파를 전달하는 진동 막대는 용융금속의 열에 의해 막대의 접촉면이 무르게 된다. 금속의 오염을 막기 위해 진동막대를 용융금속과 동일한 재료로 만든다.

흡열반응에 필요한 열을 내부로 전달하는 방법: 플라스크와 동일한 재료의 고온 증기를 플라스크 내부로 공급한다. 이 증기가 반응에 필요한 열을 전달한다.

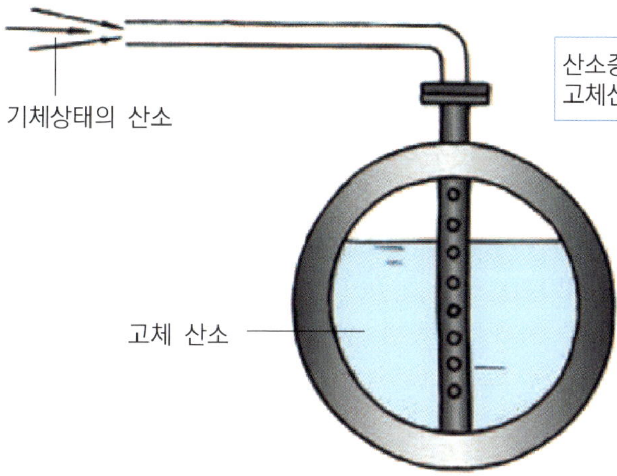

산소증기를 공급하여 언 상태의 고체산소를 녹일 수 있다.

MEMO

34. 폐기 및 재생

(Rejecting and Regenerating Parts)

A. 물체의 요소가 그 기능을 마쳤거나 쓸모없게 되면, 그 요소를 폐기하거나 (버리기, 녹이기, 증발시키기) 또는 작동 도중에 변경한다.

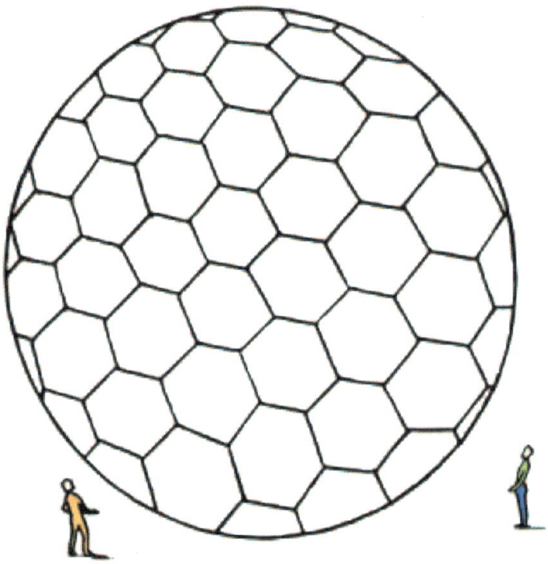

철망 위성 안테나를 궤도에 올릴 때, 압축 공기로 안테나를 부풀린다. 공기가 신축성 필름을 펼치므로 안테나는 공 모양이 된다.
우주공간의 진공상태와 태양광선에 의해 필름이 찢어지면, 안테나는 라디오파를 반사시킬 수 있다.

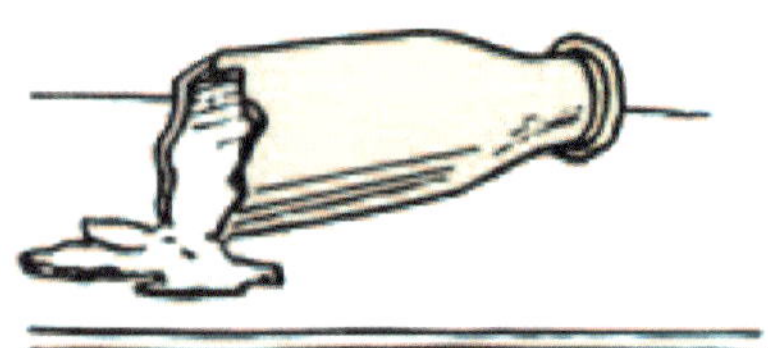

스웨덴의 한 음료회사는 환경적으로 안전한 생분해성 재료로 음료수 병을 만들었다.

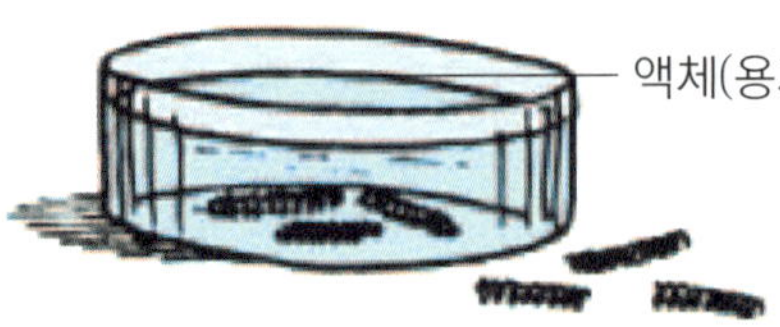

극히 작은 용수철을 만드는 방법: 철사를 신축성 재료의 심(心) 위에 감고 나중에 용제로 그 재료를 녹여 제거한다.

B. 물체 중에서 이미 사용된 부분을 작동 중에 원위치 한다.

거대한 고무공을 만드는 방법: 백분과 물을 혼합하여 공 모양을 만든다. 그 위에 천연고무를 입히고 건조기에서 말린다. 나중에 백분을 녹여 제거한다

MEMO

35. 속성 변환

(Transformation of Property)

A. 시스템의 물리적 상태를 바꾼다.

탄성파를 만들어내기 위하여 가스형태의 폭발물을 정해진 지하공간에 보낸다.

B. 농도나 밀도를 바꾼다.

아크 용접기는 전자기 펌프가 공급하는 액체금속 증기 형태의 전극을 가지고 있다.

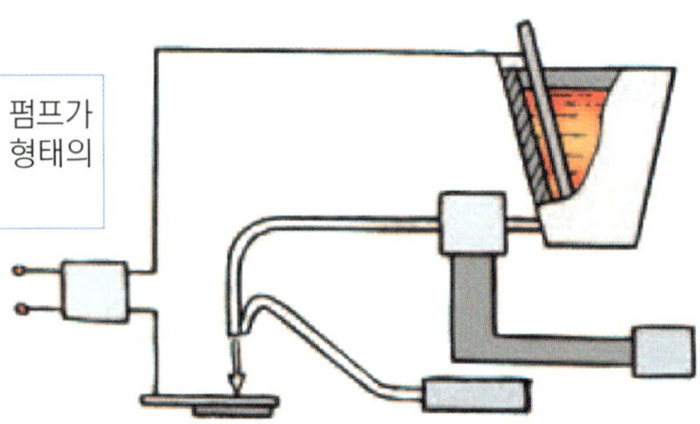

C. 유연성의 정도를 바꾼다.

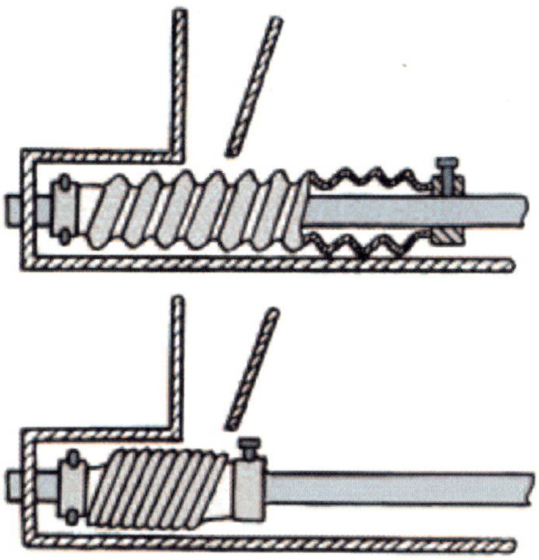

액체나 분체(粉體)를 공급하는 장치의 스크류는 나사산이 신축성 있는 재료로 되어 있어 그 피치(Pitch)를 쉽게 조정 할 수 있다.

D. 온도나 부피를 바꾼다.

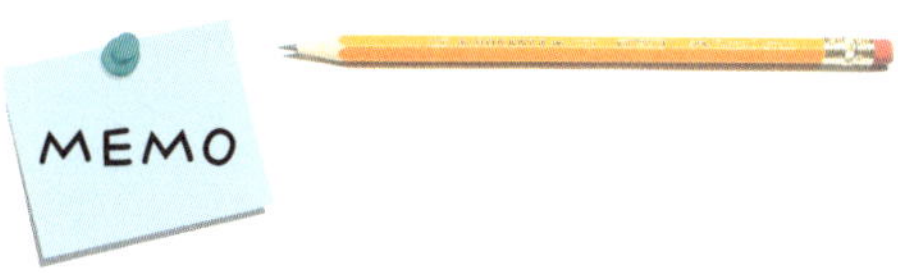

36. 상전이

(相轉移, Phase Transition)

A. 상전이 현상(즉, 부피의 변화, 열의 발산/흡수 등)을 이용한다.

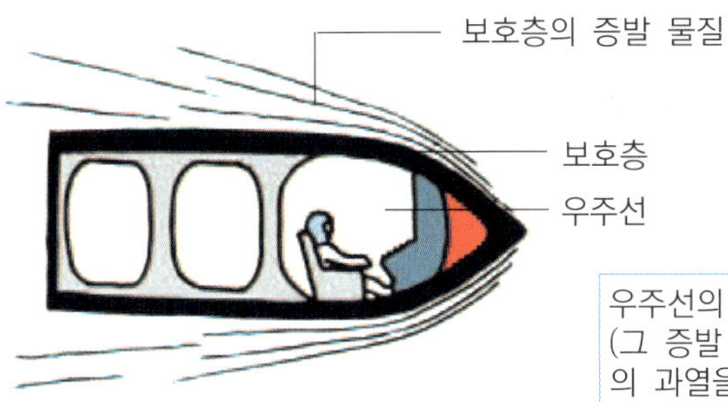

우주선의 외부 보호층 부분이 증발하여 (그 증발 잠열을 이용하여) 우주선 본체의 과열을 막는다.

주물 금형의 내부에서 물을 얼려 금속의 표면을 가공하는 과정

물과 광택용 분말의 에멀션을 얼려서 사용하면 광택품질이 향상된다.

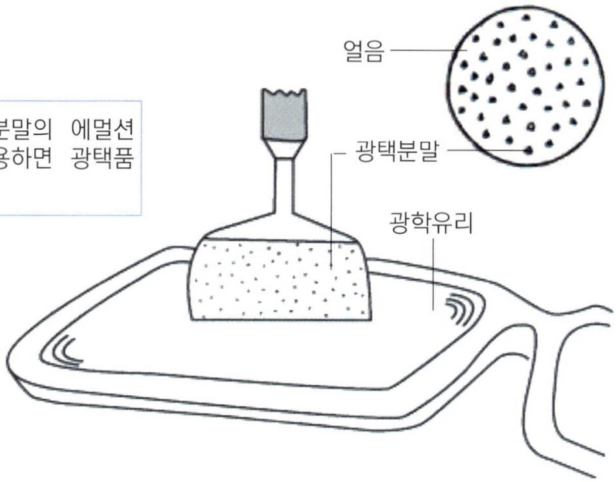

37. 열팽창(Thermal Expansion)

A. 온도변화에 의한 물질의 팽창 및 수축을 이용한다.

바이메탈 띠로 온도계를 만들 수 있다.

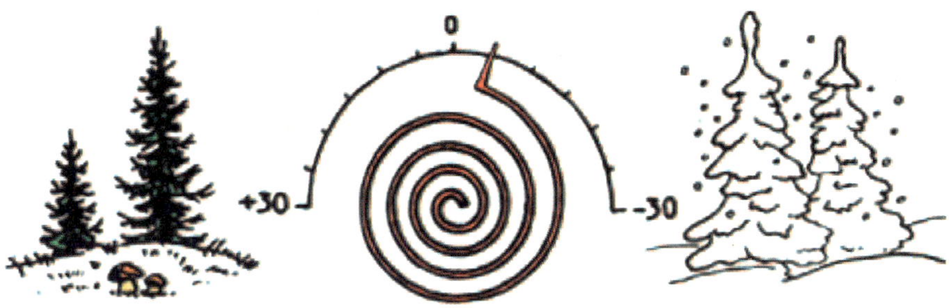

B. 열팽창 계수가 다른 여러 가지 재료를 이용한다.

열팽창 때문에 생기는 베어링의 틈새를 열팽창 계수가 다른 두 개의 원뿔형 링으로 보상할 수 있다.

어떤 엔진의 회전자(rotor)는 열팽창 계수가 다른 강철 와이어의 수축과 팽창에 의해 회전한다.

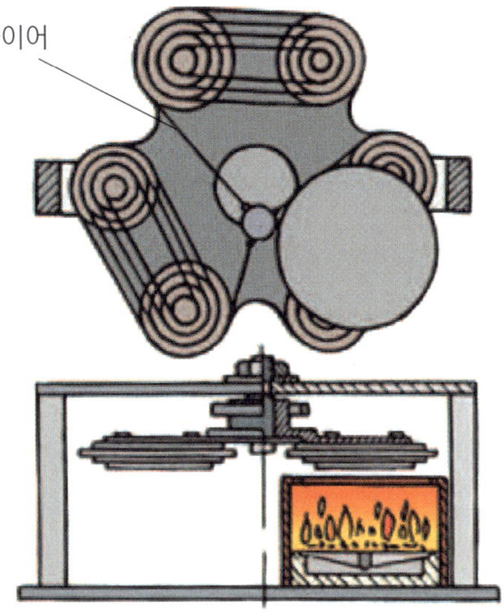

MEMO

38. 산화 가속

(Accelerated Oxidation)

A. 한 수준의 산화(酸化)로부터 더 높은 수준의 산화로 바뀌간다.

- 일반 공기를 산화 공기로
- 산화 공기를 산소로
- 산소를 이온화 산소로
- 이온화 산소를 오존화 산소로
- 오존화 산소를 오존으로
- 오존을 활성산소(singlet oxygen)로

폐수처리장에서는 물을 정화하는 박테리아의 활동을 증가시키기 위해, 구멍을 뚫은 파이프를통해 물 속에 공기를 공급한다.

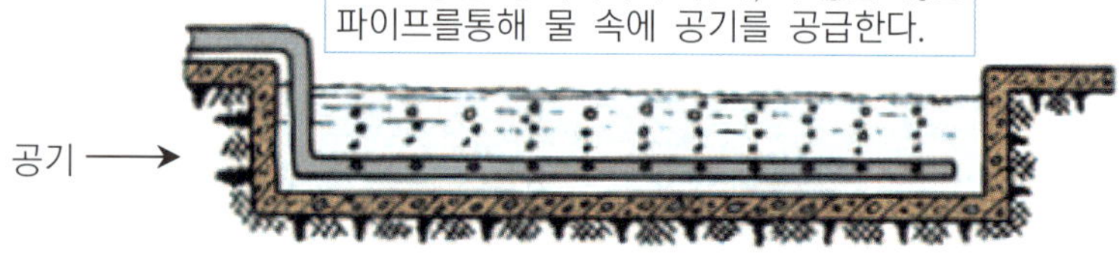

용융상태의 광석으로부터 주철을 직접 얻기 위해 가마에 순수한 산소를 공급한다.

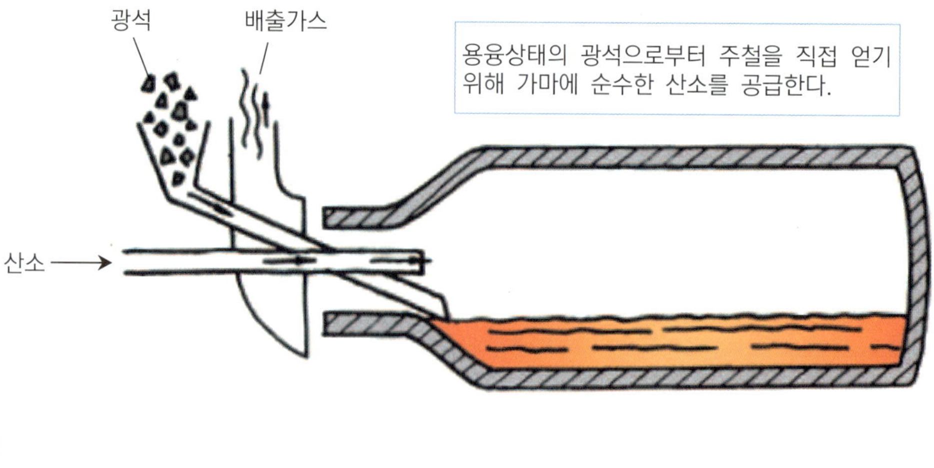

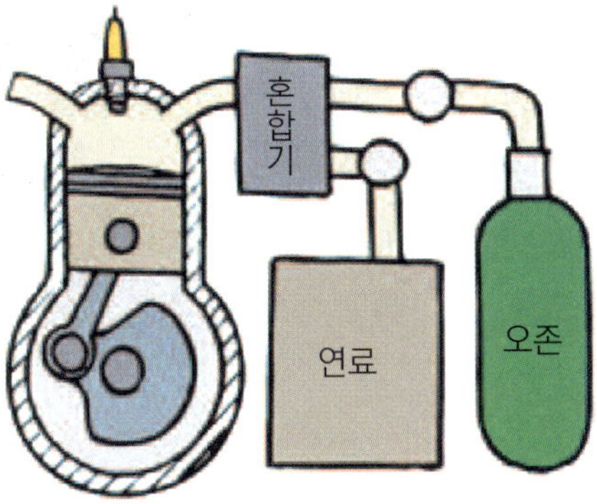

잠수함의 연소식 엔진에서 오존은 산화제로 작용하여 연료의 완전 연소가 가능하다.

MEMO

39. 불활성 환경

(Inert Environment)

A. 정상적인 환경을 불활성 환경으로 바꾼다.

B. 물체에 중성 물질이나 중성 첨가제를 넣는다.

C. 작업을 진공에서 수행한다.

화재가 났을 때, 불을 산소와 격리 하기 위해 거품(Foam,포말)을 사용한다.

용접할 때, 봉합선이 산화되는 것을 방지하기 위해 불활성 기체로 용접 아크를 둘러싼다.

부식을 막기 위해, 대형선박의 내부 공간 전체를 질소로 채운다.

MEMO

40. 복합 재료

(Composite Materials)

A. 동질성 재료를 복합 재료로 바꾼다.

납땜의 강도를 증가시키기 위해, 융점이 높은 금속 섬유를 땜납 속에 넣는다.

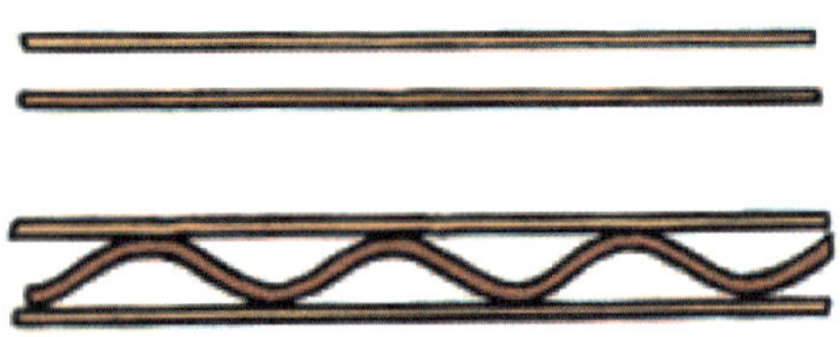

마분지와 주름 종이를 조합하여 견고한 포장지를 만들 수 있다.

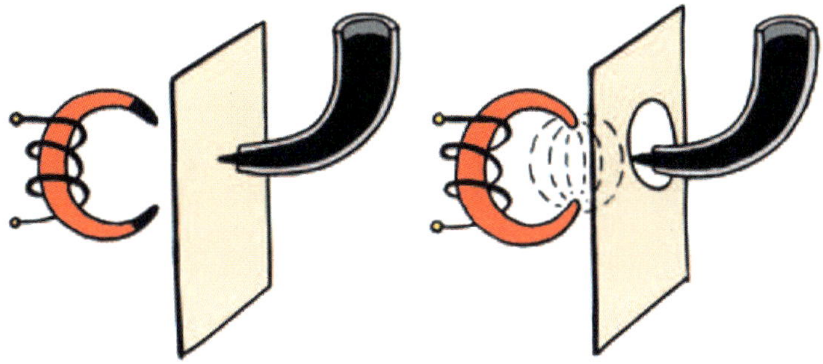

자기장을 이용하여 자성 잉크(안료와 강자성 분말의 혼합물)로 영상을 그릴 수 있다.

MEMO

TRIZ Tools 40 Principles

PART 3

40가지 발명원리와 모순 행렬표 사용법

발명 문제의 해결을 위한 세 단계

기술적 모순을 지닌 발명 문제를 해결하기 위해 보통 다음과 같은 세 단계를 이용한다.

단계-1: 기술시스템의 분석
개선하고자 하는 시스템 특성(시스템의 물리적 상태, 성능등을 나타내는 파라미터)을 정한다.

단계-2: 기술적 모순의 진술
개선의 대가로 악화되는 기술시스템의 특성을 밝혀내고, 기술적 모순이 무엇인지 알아낸다.

단계-3: 기술적 모순의 해결
기술적 모순을 제거하기 위해 40가지 원리와 모순 행렬표를 이용한다.

단계-1: 기술시스템의 분석

단계-1은 다시 세 개의 부속 단계로 이루어진다. 먼저, 기술시스템의 모든 요소를 정한다. 그런 다음, 문제의 근원이 무엇인지 밝혀낸다. 마지막으로, 개선하고자 하는 특성을 정립한다.

기술시스템을 분석하면 기술 문제를 이해할 수 있게 되는데, 그러면 기술시스템의 구성요소(하위시스템)와 그 기술시스템을 포함하는 상위시스템, 그리고 문제 자체의 근원을 파악할 수 있다.

이런 요소들을 이해하게 되면, 시스템이라는 존재를 전체적인 연속체로서 바라볼 수 있다. 즉, 개개의 시스템과 그 하위시스템, 상위시스템의 과거/현재/미래의 발전상을 조망할 수 있다. 문제의 원인을 제거하는 것이 원인에 따른 결과를 제거하는 것보다 더 쉽고 효과적이다.

시스템의 기능을 마음속에서 시간상의 앞뒤로 투영해보면, 시스템의 작동조건을 이해할 수 있다. 어떤 기술시스템에 대하여 그 미래의 기능을 이해하게 되면, 기존의 문제가 갖지 못했던, 새롭고 뜻밖의 작동조건이 밝혀지게 되므로 결국 문제가 자동적으로 해결될 수 있다.

과거에 대해서도 동일한 투영을 실시하여 시스템의 기술프로세스 이전 단계에서 문제를 해결할 수 있는지 알아보라. 이러한 분석을 통해 해결책을 찾아내거나 문제를 모두 제거할 수 있다.

마지막으로, 단계-1은 기술시스템의 특성을 바꾸기 위한 두 가지 선택사항을 포함한다.

1) 기존의 긍정적인 특성을 개선하라. 예: 배(기술시스템)의 속도를 10노트에서 30노트로 증가시킨다.
2) 부정적인 특성을 제거(중화)하라. 기술시스템은 유용한 기능만이 아니라 동시에 해로운 기능도 지닌다. 이러한 부정적인 기능을 제거하거나 중화하는 것이 목적이다.

예: 배의 속도를 높일 때 생기는 엔진 소음을 제거한다.

부록의 양식 F-1(개선 하려는 특성의 정립)는 단계-1을 완성하는 데에 도움이 된다.

단계-2: 기술적 모순의 진술

앞에 말한 바와 같이 기술적 모순은 하나의 기술시스템 내부에서 일어나는 갈등이다. 단계-1에서는 개선해야 하는 특성을 정하였다. 이제 단계-2에서는 해결해야 할 기술적 모순을 정한다. 만일 기술시스템의 한 가지 특성을 개선할 때 그 시스템의 다른 특성이 악화된다면, 틀림없이 갈등이 나타난다. 즉 기술적 모순이 존재한다.

부록의 양식 F-2(기술적 모순의 정립)은 이러한 과정을 안내할 것이다.

단계-3: 기술적 모순의 해결

기술적 모순을 진술한 뒤에는 40가지 원리와 모순 행렬표(부록 참조)가 도움이 된다. 이 책에서 모순 행렬표는 다섯 개의 표로 만들어져 있다.

기술시스템에는 39가지의 일반적인 특성이 있다. 행렬표에서 개선(변화)하려는 특성들은 왼쪽 수직 열에, 악화되는 특성들은 맨 상단 수평행에 각각 나타냈다.

맨 위의 수평행에 놓인 특성들은 맨 왼쪽의 수직열에 놓인 특성과 동일한 것이다. 수평행에서는 각 특성들을 자세히 설명하는 대신에 단지 번호만 붙여 놓았다. 편리하게 하기 위해, 40가지 원리를 표의 오른쪽 열에 적어 놓았다. 각 원리에 대한 설명은 40가지 원리에 대한 이 책의 해당 페이지에서 자세히 다루었다. 40가지 원리와 모순 행렬표를 가지고 검토할 때 제시된 원리는 기술적 모순을 해결하는 데에 가장 유력한 개념이라는 사실을 명심하라. 제시된 원리를 수용할 때 다른 이차적인 문제가 발생된다면, 그 원리를 반사적으로 거부하지 말고 그 이차적인 문제(그리고 필요하다면 다른 부수적인 문제까지)를 해결하는 방법을 찾아보아야 한다. 이런 방법은 복잡한 문제를 해결하는 데에 흔히 사용된다.

기술적인 모순을 해결하는 데에는 두 가지 방법이 있다.

1) 모순 행렬표를 사용하여 가장 효과적인 원리를 찾아낸다. 또는

2) 40가지 원리를 하나하나 읽어보며, 가장 적절한 것을 선택한다.

모순 행렬표 이용법

1) 개선 또는 제거하려는 특성에 대해, 부록의 양식 F-2(기술적 모순의 정립)의 항목 1a및 항목 2a를 이용한다. 행렬표의 왼쪽 수직열에 적힌 특성 중에서 그 의미가 가장 가까운 것을 선택한다.
2) 악화되는 특성에 대해서는 항목 1c 또는 항목 2c를 이용한다. 행렬표의 맨 상단 수평행에 적힌 특성 중에서 그 의미가 가장 가까운 것을 선택한다.
3) 열과 줄이 교차하는 칸에는 여러 가지 원리를 나타내는 번호들이 있다. 특성들이 일반적이기 때문에, 두 개 이상이 조합을 선택할 수도 있다. 제시된 원리를 잘 읽고 그 원리를 문제의 기술시스템에 적용해보라. 그 아이디어가 아무리 부적합하게 여겨지더라도 제쳐놓지 말고 진지하게 실행하도록 노력하라. 만약 행렬표가 제시하는 것을 도저히 수용할 수 없다면, 기술적 모순을 재정립하여 실현가능한 해결 개념이 나타날 때까지 반복해보라.

실습문제 1

이 절의 목적은 40가지 원리와 모순 행렬표를 적용하여 기술적 모순을 해결하는 과정을 보여주려는 것이다. 제시되는 해결 개념은 한 가지만은 아니며, 다른 해결 개념으로도 가능하다. 어떤 해결 개념을 수용해야 하는가 하는 문제는 그 문제의 상황에 달려있다. 아래에는 두 개의 실습문제가 있다. 문제-1에서는, 40가지 원리를 사용하지 않고, 기술시스템과 그 상위시스템에 대한 분석을 통해 모순을 해결한다. 문제-2에서는, 전통적인 세 단계의 과정을 통해 모순을 해결한다.

[문제-1]

당신이 우주비행사의 생명을 지켜주는 특수 시스템을 개발하는 팀의 일원이라고 가정하자. 이 시스템은 우주비행사, 우주복, 실리콘 공명기(silicon resonator) 등을 포함한 여러 요소로 이루어져 있다. 공명기는 어떤 신호를 전달하는 아주 작은 판(板)이다. 공명기는 온도변화에 극도로 민감하기 때문에, 그것의 정확도는 온도의 안정성에 달려있다. 우리의 임무는 이 공명기가 언제나 안정된 온도를 유지할 수 있도록 그 보호 용기(容器)를 설계하는것인데, 그것은 또한 가볍고, 간단하며 휴대하기가 편해야 한다.

만일 우리가 온도의 안정성에 관하여 충분한 지식을 가지고 있지 않다면, 그런 시스템에 대하여 더 공부해야 한다. 이와 같은 용도로 개발된 여러 시스템이 있다. 예를 들어, 그런 시스템에는 듀아르의 용기(Duare vessel)가 있는데, 이것은 두 벽 사이에 실리콘 판을 넣을 수 있는 구조로 되어 있다. 이 시스템은 내부 공간을 가열하고 그 온도를 조절하기 위해 온도조절장치를 가지고 있다. 그러나 이런 방식은 간단한 실리콘 판을 무거운 기구로 바꾸었기 때문에 사용상 너무 복잡하다. 그 밖의 다른 시스템들도 모두 이와 비슷한 정도의 복잡성을 지녔다.

더욱 간단하고 가벼운 여러 가지 기구들을 이용하여 온도를 안정시킬 수도 있다. 그러나 그런 기구들은 실리콘 판의 온도 안정 정확도를 떨어뜨린다. 여기에는 명백히 다음과 같은 모순이 존재한다. “실리콘 공명기에 대하여 신호의 정확성을 증가시키려는 시도는 무게의 증가를 초래하므로 받아들이기 곤란하다.”

이 모순을 어떻게 해결할 수 있을까? 이 문제를 단계-1부터 시작하여 해결해보자.

단계-1: 기술시스템의 분석

아는 바와 같이, 이 기술시스템은 우주비행사, 우주선, 실리콘 공명기와 그 밖의 여러 요소로 이루어져 있다. 이 기술시스템과 그 환경을 분석해보면, 실리콘 공명기가 생명유지 시스템의 하위시스템(subsystem)이라는 사실을 알 수 있다.

첫째, 다음과 같은 가정적인 질문을 던져보자: 안정된 온도를 위해 우리가 생명유지장치의 다른 요소를 이용할 수는 없을까? 각 요소들을 분석함으로써 이 질문에 대한 답을 얻을 수 있다. 온도를 안정시킬 수 있는 요소를 발견하게 되면 해답을 얻는다. 만일 아무런 요소도 발견하지 못하면, 이 문제는 "공명기"라는 기술시스템을 가지고 해결해야만 한다.

그냥 한 요소로서의 우주복은 우리 문제에 아무런 도움이 되지 않는다. 그러나 우주비행사가 우주복을 입으면 비행사의 체온이 일정하기 때문에 우주복은 자동적으로 안정된 온도 환경을 제공한다. 그러므로 우주복의 안쪽 주머니에 실리콘 판을 넣으면 되겠다. 이 해결책에는 또 다른 장점이 있다. 우주비행사가 병이 날 때, 체온의 변화로 그것을 즉시 알 수 있다. 이 문제는 복잡한 장치를 설계하지 않고도 해결되었다.

결론

기술시스템과 그 상위시스템의 한 요소인 환경을 분석하자 명백한 해결책을 얻을 수 있었다. 문제를 복잡한 방식으로 해결할 필요가 전혀 없다.

[문제-2]

한 기계 공장은 커다란 금속부품을 열처리해달라는 주문을 받았다. 이런 열처리를 하기 위해서, 크레인 기사는 빨갛게 달궈진 금속 조각을 가마에서 꺼내 기름탱크로 옮기고, 기름속에 서서히 집어넣어야 했다. 며칠 동안 이런 작업이 계속되자, 크레인 기사는 공장장을 찾아와 이렇게 하소연했다.

"크레인으로 작업하는 동안에는 숨쉬기도 힘들어요. 크레인 운전실이 천장에 가까이 있어서, 타는 기름 연기가 죄다 나한테 올라와요. 더 이상 못하겠어요."

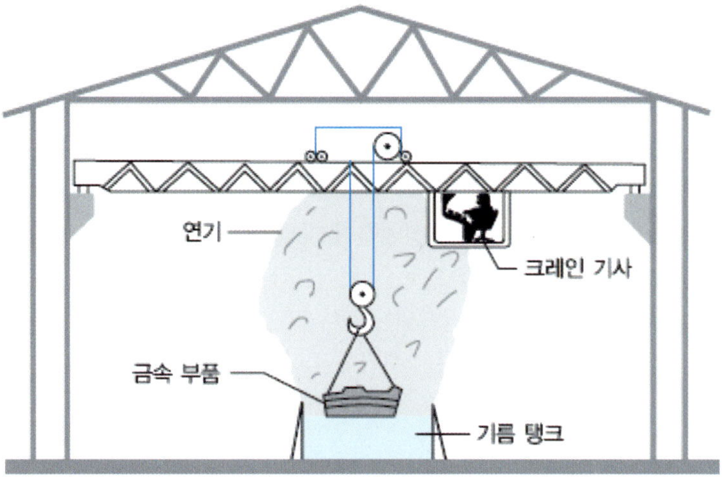

작은 부품을 열처리할 때는, 작업장에 환기장치가 있기 때문에 연기가 문제되지는 않았었다. 그런데 이번과 같은 커다란 부품을 열처리하는 경우에는 연기가 큰 문제였다. 열처리 과정을 바꿀 수는 없기 때문에 공장장은 다음과 같은 전형적인 '관리 상황'에 직면했다.

"어떤 조치를 취해야 하는데 어떻게 해야 할지 모르겠다."

단계-1: 기술시스템 분석

정의(定義)에 따르면, 하나의 기술시스템은 세 가지 요소, 즉 두 개의 물질과 하나의 장(場)-또는 에너지-으로 구성된다. 문제를 해결하기 위해서는, 문제를 일으키는 기술시스템을 확인해야 한다. 이 경우에 문제를 일으키는 기술시스템은 탱크 속의 기름, 열처리 해야할 금속부품, 그리고 금속부품이 지닌 열에너지이다. 이 과정의 부산물인 연기는 작업자에게 해로운 효과를 미친다.

이제 우리는 이 기술시스템에서 개선하고자 하는 특성을 정해야 한다. 그러기 위해, 우리는 부록의 양식 F-1을 다음과 같이 완성할 수 있다.

항목-1은 기술시스템의 이름이다(이 경우, 금속 처리 과정).

항목-2는 기술시스템의 목적을 정의한다(이 경우, 이 시스템은 커다란 금속부품을 기름으로 처리하는 과정을 제공하기 위해 설계되어 있다).

항목-3은 기술시스템의 주요 요소들을 그들의 역할에 따라 나열한다.

요소의 이름	기능
1. 금속 부품	처리된다
2. 기름	금속부품을 서서히 냉각한다
3. 공기	산소를 제공하여 기름을 타게한다.
4. 열에너지	기름에 의해 흡수된다

항목-4는 기술시스템의 작용을 설명한다(이 경우, 작업자는 빨갛게 달궈진 금속 부품을 기름이 가득 찬 탱크 속으로 내린다. 금속부품이 기름에 닿자마자, 기름은 짙은 연기를 피우며환경을 오염시킨다).

항목-5는 개선해야 하거나 또는 제거해야 할 특성을 기술(記述)한다(즉, 연기를 제거하거나, 또는 해로운 효과를 감소시켜 크레인 운전자의 작업 조건을 개선한다).

단계-2: 기술적 모순의 진술

부록의 양식 F-2를 완성하면, 우리 문제의 기술적 모순을 명확하게 밝힐 수 있다.

양식 F-2를 이용한 기술적 모순의 정립이 문제에서 우리는 기술시스템의 특성을 개선할 수 없기 때문에 항목 1a에서 1d까지는 채울 수 없다. 대신에 우리는 해로운 효과를 제거하려고 한다.

항목-2a: "감소시키거나, 제거하거나 또는 중화해야 하는 부정적 특성을 진술한다." 연기가 바로 부정적 특성이다.

항목-2b: "특성(연기)을 감소/제거/중화하기 위한 종래의 수단을 기술한다." 기름 탱크를 덮기 위해 금속 덮개를 사용한다. 덮개는 연기가 주위로 퍼지는 것을 방지한다.

항목-2c: "항목-2b의 조건 하에서 나빠지는 특성을 기술한다." 시스템의 복잡성 또는 시스템의 무게가 악화된다.

항목-2d: "기술적 모순(TC, Technical Contradiction)을 정립한다."

TC-1: 금속 덮개를 사용하여 한 가지 특성(연기에 의해 발생되는 해로운 효과)이 감소(제거)되면, 시스템의 "복잡성"이라는 다른 특성이 악화된다.

TC-2: 금속 덮개를 사용하여 한 가지 특성(연기에 의해 발생되는 해로운 효과)이 감소(제거)되면, 시스템의 "무게"라는 다른 특성이 악화된다.

TC-1

기술적 모순	행렬 좌표	제시된 원리	원리의 이름
해로운 인자…/	31 ×36	19	주기적 작돋
기구의 복잡성		1	분할
		31	다공질 재료

TC-2

기술적 모순	행렬 좌표	제시된 원리	원리의 이름
해로운 인자…/	31 ×2	19	속성변환
정지된 물체의 무게		22	전화위복
		1	분할
		39	불활성 환경

단계-3: 기술적 모순의 해결

모순 행렬표를 사용하여 모순 TC-1을 살펴보자.

"연기에 의해 생긴 해로운 효과"라는 특성에 가장 가까운 의미를 갖는 것은 31번 행의 "물체에 의해 발생된 해로운 인자"이다.

"복잡성"이라는 특성에 가장 가까운 의미를 갖는 것은 36번 열의 "기구의 복잡성"이다.

31번 행과 36번 열이 교차하는 곳에 적힌 번호는 기술적 모순의 해결 개념을 얻기 위한 가장 적절한 원리들을 나타낸다(표 TC-1 참조).

이 원리들을 분석해보자.

원리-19: 주기적 작동

A. 연속적인 작동을 주기적 순간작동(임펄스, impulse)으로 바꾼다.

B. 작동이 이미 주기적이면 그 주파수를 바꾼다.

C. 추가적인 작동을 제공하기 위해 순간작동 사이의 쉬는 시간을 이용한다.

이 개념을 적용하는 것은 금속 부품을 주기적으로 기름 탱크에 담그라는 의미이다. 기름 탱크의 덮개를 열고 닫음으로써 오직 이것을 할 수 있다. 불행히도, 주어진 상황은 그렇게 하는 것을 금하고 있다. 그러므로, 우리는 이 원리를 이용할 수 없다.

원리-1: 분할

A. 한 물체를 독립적인 여러 부분으로 나눈다.
B. 물체를 구획화한다.
C. 물체의 분할 정도를 더욱 높인다.

원리-1A의 제안은 탱크의 덮개를 여러 개로 분할하는 것이다. 이어서 "B"가 제안하는 것은 분할의 정도를 증가시켜 수천 개(또는 수백만 개)의 조합으로 덮개를 만드는 것이다. 이 개념을 더욱 발전시켜 가면, 덮개는 기름 위에 뜬 아주 작은 공들(심지어 액체도 가능하다)이 될 수도 있다. 이렇게 기름에 뜨는 공들은 뜨거운 금속부품을 기름 속에 넣을 때 방해가 되지 않는다.

원리-31: 다공질 물질

A. 물체를 다공질 재료로 만든다. 또는 보충적인 다공질 요소(삽입물, 덮개 등)를 사용한다.
B. 물체가 이미 다공질이면, 그 구멍들을 미리 어떤 물질로 채운다.

원리-31A를 적용하려면, 덮개를 다공질 재료로 만들어야 한다. 이 제안과 원리-1B 제안 조합하면, 덮개를 다공질의 공이나 또는 액체로 만든 덮개를 얻을 수 있다. 이 다공질 재료는 연기를 흡수할 수 있다.
이제 두 번째 기술적 모순을 TC-2를 분석해보자(표 TC-2 참조).

원리-35: 속성 변환

A. 시스템의 물리적 상태를 바꾼다.
B. 농도나 밀도를 바꾼다.
C. 유연성의 정도를 바꾼다.
D. 온도나 부피를 바꾼다.

원리-35A는 시스템의 물리적 상태를 바꾸라고 제안한다. 이것은 시스템의 현재의 고체 상태를 액체나 기체 상태로 바꿔야 한다는 것을 의미한다. 액체 상태의 해결개념은 TC-1에서 이미 다루었다. 기름 탱크의 덮개를 기체로 바꾸라는 제안은 우리의 호기심을 자극한다. 어떻게 그렇게 할 수 있을까? 공기보다 무거운 불활성 기체는 탱크의 기름 표면 위에 머무를 것이다.

원리-22: 해로운 것을 이로운 것으로

A. 바람직한 효과를 얻기 위해, 해로운 인자(특히, 환경적 인자)를 활용한다
B. 하나의 해로운 인자를 다른 해로운 인자와 결합시켜서 제거한다.
C. 해로움이 사라질 때 까지 해로운 작용의 정도를 더욱 증가시킨다.

원리-22C는 산소와 기름 사이에 차폐가 생길때까지 연기의 양을 증가시키라는 제안이다. 이것이 기름의 연소를 막는다.

원리-1: 분할의 원리(앞 내용을 보라)

마지막으로

원리-39: 불활성 환경

A. 정상적인 환경을 불활성 환경으로 대체한다.
B. 물체에 중성 물질이나 중성 첨가제를 넣는다.
C. 작업을 진공에서 수행한다.

결론

원리-39A와 원리-35A를 결합하면 간단한 해결책을 얻을 수 있다. 불활성 물질(#39A)로 만든 액체 또는 기체 덮개(#35A)로 기름이 타는 것을 막을 수 있고, 시스템이 복잡해지지 않으며, 작업이 방해받지도 않는다.

실습문제 2

[문제-3] 쇄빙선(얼음 깨는 선박)

한겨울에 3미터나 되는 얼음으로 덮여 있는 물길을 따라 화물을 운반하려고 한다. 옛날부터 쇄빙선은 화물선을 위해 얼음 덮인 수로를 여는 데에 사용되었다. 쇄빙선은 겨우 시속 2킬로미터로 나아간다. 빠를수록 좋지만 우리는 쇄빙선의 속도를 최소한 시속 6 킬로미터 정도로 높이려고 한다. 다른 대체적인 운송수단은 사용할 수 없다. 이 실습 문제에서, 쇄빙선은 오늘날의 산업에 이용할 수 있는 것 중에서 가장 효율적인 엔진을 가지고 있다고 가정한다.

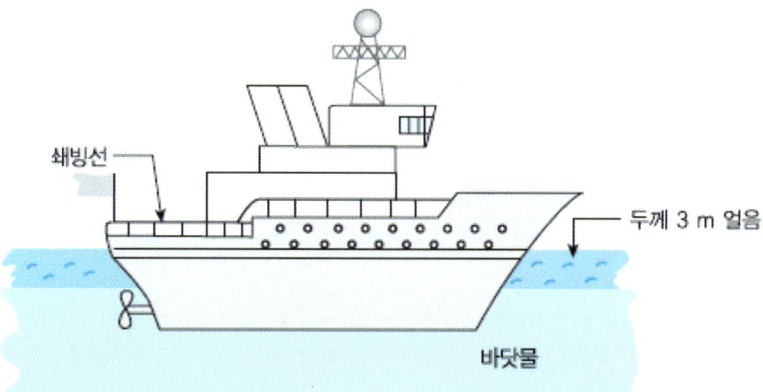

[문제-4] 어류 양식장

어류 양식장에서는 물고기를 12개월 내지 24개월의 주기로 키운다. 제한된 공간에 많은 물고기를 기르기 위해서, 물 속에 많은 산소를 공급해야 한다. 각 연못의 바닥에 구멍 난 여러 개의 파이프를 설치하고 이것을 통해 공기를 공급한다. 이 시스템을 사용하여 물 속의 산소 농도를 1000 ppm으로 유지할 수 있다. 그런데 우리는 이것을 2000 ppm 또는 그 이상으로 증가시키려고 한다. 이런 양이면 물고기가 완전히 자랄 때까지의 어류 밀도를 감당할 수 있을 것이다. 새로운 방법은 비교적 간단하고 경제적이며 또한 물고기에게 나쁜 영향을 주지 않는 것이어야 한다.

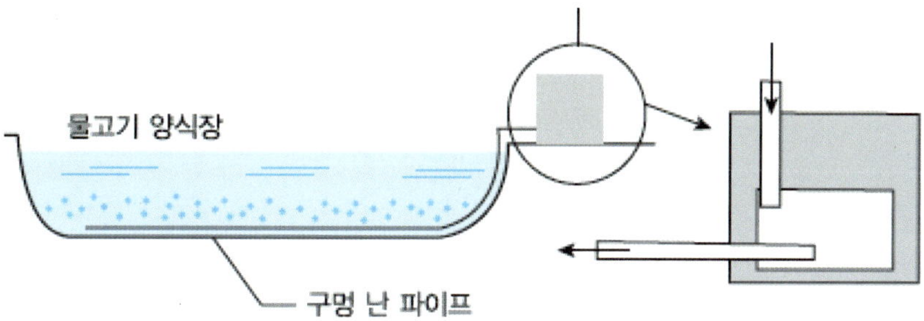

[문제-5] 유리 필터

한 제조공장에서 직경 10인치, 길이 2인치의 작은 크기로 유리 필터를 만들고 있다. 그 공장은 지름 1피트, 길이 2피트의 커다란 유리 필터를 만들어 달라는 주문을 받았다. 각 필터의 미세한 구멍들을 단면 전체에 걸쳐 동일하게 분산시켜야 한다. 그러자, 관리자는 이 주문에 난감한 표정을 지었다. “어떻게 하면 이런 새로운 필터를 경제적으로 만들 수 있을까?” 작은 구멍들은 바르게 뚫려 있으면서도 그 구멍을 균등하게 분포해야 한다.

다음 절은 이들 문제에 대한 분석과 해답을 싣고 있다

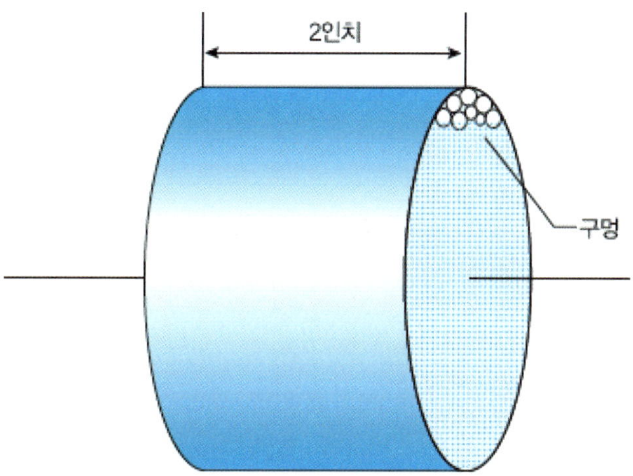

해답과 분석: 문제_3, 4, 5

다음은 문제-3, 문제-4 및 문제-5에 대한 분석이다. 그러나, 우리는 제시된 개념을 공학적으로 실행에 옮기려는 의도를 갖고 있지는 않다. 우리의 목표는 공학적으로 가능한 설계의방향을 제시하려는 것이다.

문제-3. 쇄빙선

주된 목표는 배의 속도를 시속 2 킬로미터에서 최소한 시속 6 킬로미터로 높이는 것이다(즉, 배의 생산성 증가). 이것을 달성하기 위한 통상의 방법은 배의 엔진 동력을 높이는 것이다. 동력을 증가시키면 연쇄적으로 배의 다른 파라미터(엔진실의 면적, 배의 전체 무게 등)가 영향을 받는다. 이런 변화는 바람직하지 않다.

그러므로, 기술적 모순(TC)은 다음과 같이 요약할 수 있다.

TC-1: “속도” 대 “동력”

TC-2: “생산성” 대 “동력”

모순 행렬표에서, 적합한 행과 열을 찾는다. 속도에 대해서는 9번 행, 생산성에 대해서는 39번 행, 동력에 대해서는 21번 열이 해당된다. 아래 표에 두 가지 기술적 모순을 나타내었다.

그러면, 제시된 원리 중에서 몇 가지를 분석해보자. 밑줄 친 굵은 글씨의 번호는 가장 좋은 제안임을 뜻한다.

1. **원리**-19: **주기적 작동**
   A. 연속적인 작동을 주기적인 순간 작동(임펄스)으로 바꾼다.
   B. 작동이 이미 주기적이면 그 주파수를 바꾼다.
   C. 추가적인 작동을 제공하기 위해 임펄스 사이의 쉬는 시간을 이용한다.
   이 원리 중의 하나를 활용하여 얼음 깨는 작동을 얻을 수 있다(예: 얼음을 가로질러 배를계속 밀어대는 대신, 진동하는 동작으로 얼음을 깨뜨리고 배를 앞으로 나아가게 한다).

기술적 모순	행렬 좌표	제시된 원리	원리의 이름
1. 속도/동력	9 ×21	19	주기적 작동
		35	속성 변환
		38	산화 가속
		2	추출
2. 생산성/동력	39 × 21	35	속성변환
		20	유용한 작동의 지속
		10	선행조치

2. 원리-35: 속성 변환

A. 시스템의 물리적 상태를 바꾼다.
B. 농도나 밀도를 바꾼다.
C. 유연성의 정도를 바꾼다.
D. 온도나 부피를 바꾼다.

이 원리는 얼음과 접촉하는 배의 부분의 물리적 상태나 밀도를 바꾸라고 제안한다. 이 제안은 기술적 모순을 기술할 때 반복된다. 어떻게 배의 밀도나 물리적 상태를 바꿀 수 있을까? 우리는 그것을 뒤에서 다룰 것이다. 이제, 원리-2를 적용해보자.

3. 원리-2: 추출(제거)

A. 물체에서 "방해가 되는" 부분이나 특성을 추출한다.
B. 물체에서 "필요한" 부분이나 특성만을 추출한다.
이 원리는 얼음과 접촉하는 배의 일부를 제거하라고 제안한다.

4. 원리-10: 선행 조치

A. 물체에 필요한 변화를 미리 (완전히 또는 부분적으로) 가한다.
B. 가장 편리한 위치에서 즉시 작동할 수 있도록 물체의 위치를 미리 잡아둔다.
원리-10은 얼음과 상호작용을 하기 전에 배에 미리 어떤 조치를 취하라고 제안한다.

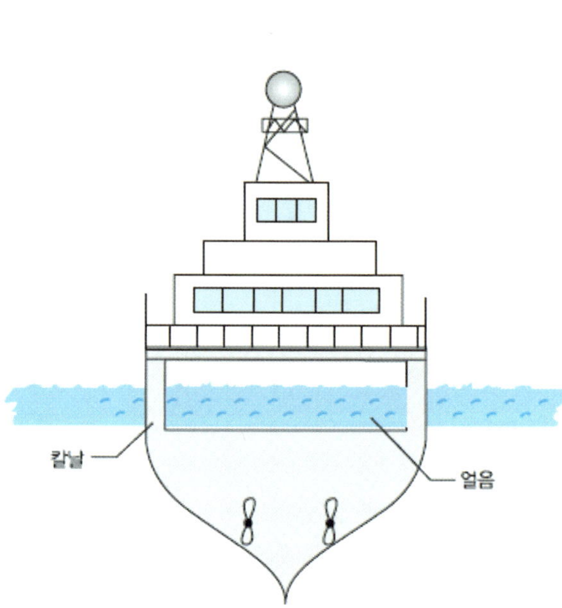

결론

앞에 열거된 대부분의 원리들은 얼음과 접촉하는 선박의 일부를 바꾸라고 제안한다. 배와 얼음의 접촉 부분을 완전히 제거하면, 배는 아무런 문제없이 얼음을 통과해 나아갈 수 있다. 다만 배의 아래 부분이 해수면의 아래로 가라앉는 것이 문제이다. 이것을 방지하기 위해, 두 개의 칼날을 세워 배의 아래와 윗 부분을 연결한다. 그러면 얼음을 자르기도 훨씬 수월할 것이다. 배의 단면적을 최소화하면 얼음을 통과할 때의 저항이 줄어든다. 화물을 운반하는 동안 배의 아래 부분은 얼음 아래에 있다. 이제 쇄빙선은 화물선의 몫도 할 수 있다.

문제-4. 어류 양식장

이 문제의 목표는 연못의 산소량을 최대 포화점까지 증가시키는 것이다. 이것을 달성하기 위해 몇 가지 선택사항을 고찰할 수 있다.

선택-1: 연못 뚝에 설치한 공기압축기가 연못 바닥에 놓인 구멍 난 파이프를 통해 공기를 보낼 수 있다. 이 경우, 시스템은 더 복잡해진다. 물질의 양(모순 행렬

26행)과 기구의 복잡성(모순 행렬 36열) 사이에 물리적 모순(TC-1)이 발생한다.

선택-2: 물속에서 산소를 발생하는 화학물질을 사용할 수 있다. 이 경우, 연못이 오염되어 물고기에 해로운 영향을 줄 것이다. 물질의 양(모순 행렬 26행)과 물질에 의해 발생되는 해로운 인자(모순 행렬 31열) 사이에 물리적 모순(TC-2)이 발생한다.

선택-3: 분석해보면, 공기 거품이 수면으로 올라오는 동안, 공급된 공기에 함유된 산소 전부가 물에 녹는 것은 아니라는 사실을 알 수 있다. 시스템 효율(즉, 용해 산소의 양)을 높이기 위해 수면에 도달하는 공기 거품의 속도를 줄여보자. 공기의 압력을 낮추면 그렇게 할 수 있다. 그러나, 이것은 또한 시스템의 생산성을 떨어뜨린다. (거품을 물속에 더 오랫동안 체류하게 할 수 있지만, 거품의 양이 줄어든다.) 이 경우에는, 물질의 손실(모순 행렬 23행)과 생산성(모순 행렬 39열) 사이에 기술적 모순(TC-3)이 존재한다.

아래의 표는 이와 같은 3가지 모순을 나타낸다.
제시된 것 중에서 몇 가지 원리를 분석해보자.
원리 중에서 3번, 10번 및 35번은 표에서 두 번씩 나타난다.

기술적 모순	행렬 좌표	제시된 원리	원리의 이름
1. 물질의 양/	26 ×36	3	국소적 성질
기구의 복잡성		13	반대로 하기
		27	일회용품
		10	선행 조치
2. 물질의 양/	26 × 31	3	국소적 성질
해로운 인자		35	속성 변환
		40	복합 재료
		39	불활성 환경
3. 물질의 손상/	23 × 39	28	기계적 시스템의 대체
생산성		35	속성 변환
		10	선행 조치
		23	피드백

원리-3: 국소적 성질

A. 물체나 외부 환경(작용)의 구조를 동질적인 것에서 이질적인 것으로 바꾼다.
B. 물체의 여러 부분들이 서로 다른 기능을 수행하게 한다.
C. 물체의 각 부분을 작용상 가장 유리한 조건이 되도록 배치한다.

원리-10: 선행조치

A. 물체에 요구되는 변화를 미리 (완전히 또는 부분적으로) 가한다.
B. 가장 편리한 위치에서 즉시 작동할 수 있도록 물체의 위치를 미리 잡아둔다.

원리-35: 속성 변환

A. 시스템의 물리적 상태를 바꾼다.
B. 농도나 밀도를 바꾼다.
C. 유연성의 정도를 바꾼다.
D. 온도나 부피를 바꾼다.

결론:

이 원리들은 물의 국소적 성질을 변화시키고(원리-3), 무엇인가를 미리 해두고(원리-10), 물에 있는 산소의 농도를 바꾸라고(원리-35)제안한다. 그러면 이제 이것을 공학적인 개념으로 발전시켜보자. 우리는 별도의 탱크에서 산소를 물에 충분히 녹여 넣고, 그 혼합물을 파이프를 통해 연못으로 보낼 수 있다.

독자 중에는 이런 제안을 공학적으로 실행해보고 싶은 사람도 있을 것이다.

[문제-5] 유리 필터

이 문제에서 우리의 임무는 수천 개의 미세한 구멍을 가진 길다란 유리 필터를 제조하는 것이다. 처음에, 이 회사는 드릴로 구멍을 파서 비교적 쉽게 짧은 필터를 만들 수 있었다. 그런데 이제 새로운 요구는 복잡한 것이기 때문에 작업과정이 매우 어렵게 되었다. 앞에 말한 것처럼, 원리를 사용하여 기술 문제를 해결하는 데에는 두 가지 길이 있다.

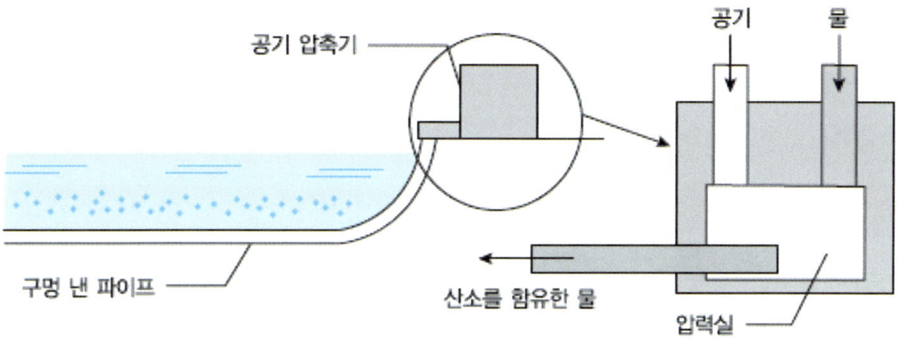

첫째 방법은 존재하는 기술적 모순을 밝히고 그것을 해결하기 위해 모순 행렬표를 사용하는 것이다. 둘째 방법은 40가지 원리를 하나하나 철저히 분석하고 적합한 제안을 실행에 옮길 수 있는지 평가하는 것이다. 우리는 이미 첫 번째 방법으로 연습문제를 풀어 보았다. 이제는 둘째 방법으로 연습문제를 풀어보자.

언뜻 생각하기엔 지루할 것 같은 이런 방법이 첫 번째 방법만큼 효율적일 수 있다는 사실이 놀랍다. 하나의 원리에 3분 정도씩 써가면서 어떻게 그것을 문제의 주어진 조건에 적용할 수 있는지 평가해보라. 이 방법으로 가장 유용한 원리를 발견하기까지는 두 시간 정도 걸릴 것이다.

이러한 방법을 사용하여, 위의 문제를 해결하는 데에 가장 적절한 것으로 다음과 같은 원리들이 선택되었다.

원리-1(A, C) 분할

원리-10(A) 선행 조치

원리-13(A) 반대로 하기

원리-28(A,B) 기계적 시스템으로의 대체

원리-35(A) 속성 변환

원리-40 복합 재료

선택된 원리에 대한 분석

원리-1(A,C): 분할

이 원리는 필터를 많은 요소를 분할하라고 제안한다.

원리-10(A): 선행 조치

이 원리는 필터를 만들기 전에 미리 구멍을 만들라고 제안한다.

원리-13(A): 반대로 하기

이 원리는 제조 과정을 반대로 하라고 제안한다. 즉, 드릴로 재료를 뚫는 대신, 다른 요소를 사용하여 필터를 만들라는 것이다.

원리-28, 35, 40번에 대해서는, 당신 스스로 분석하고 실행 방법을 찾아 보라. 이제, 우리는 많은 분리된 요소들로 구성된 필터를 만들어야 한다(원리-1). 그리고 필터로 만들어지기 전에, 그렇게 해야 한다(원리-10). 원리-13은 이러한 개념들을 통합하여, 요소 중의 일부를 제거(구멍뚫기)하는 대신, "구멍" 역할을 할 수 있는 재료를 추가하라고 제안한다. 다시 말하면, 무엇인가를 제거하여 "구멍" 기능을 하도록 하지 말고, 무엇인가를추가(결합, 구성, 묶음)하여 "구멍"의 기능을 얻으라는 것이다.

결론

원리 1번, 10번 및 13번에 따르면, 다발로 묶은 유리섬유로 유리 필터를 만들어야 한다. 섬유 사이의 공간들이 저절로 구멍이 되니 더 이상 드릴 작업을 할 필요가 없다. 유리섬유의 지름과 길이를 바꾸기만 하면 어떤 크기의 필터라도 만들 수가 있다.

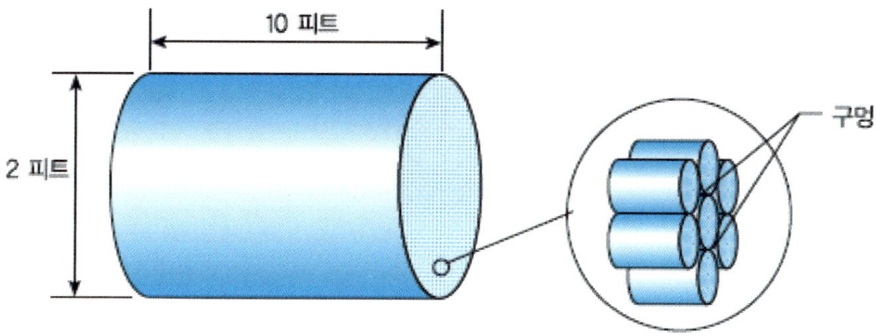
10 피트
2 피트
구멍

TRIZ Tools 40 Principles

PART 4

부록

양식 F-1: 개선하려는 특성의 정립

1. 기술시스템의 이름:

2. 기술시스템의 목적:

3. 기술시스템의 주요 요소 및 그 기능

요소의 명칭	기능
1) ___________	1) ___________
2) ___________	2) ___________
3) ___________	3) ___________
4) ___________	4 ___________
5) ___________	5) ___________

4. 기술시스템의 작용에 대한 설명:

5. 개선 또는 제거되어야 할 특성을 정한다.

양식 F-2: 기술적 모순의 정립

(항목 1 또는 항목 2 중에서 하나만 전개하라)

1. 개선되어야 하는 긍정적인 특성을 기술(記述)하라.

   a. 특성:

   b. 특성을 개선하기 위한 종래의 수단을 기술하라:

   c. 앞 줄(1b)의 조건 하에서 나빠질 특성을 기술하라:

   d. 기술적 모순을 정립하라: 만일 특성(1a)이 __________

   ______________ 와(과) 같은 방법으로 개선되면,

   다음의 특성이 악화될 것이다:

2. 감소, 제거 또는 중화해야 할 부정적인 특성을 기술하라.

   a. 특성:

   b. 특성을 감소, 제거 또는 중화하기 위한 종래의 방법을 기술하라

   c. 앞 줄(2b)의 조건 하에서 나빠질 특성을 기술하라:

   d. 아래와 같이 기술적 모순을 정립하라.

   만일 특성 2a가 2b를 수행함으로써 감소된다면,

   (그 방법을 기입)____________________

   그러면 다음과 같은 특성(2c)이 악화될 것이다:

   또는 다른 부정적 특성이 강화될 것이다: (그 내용을 기입)__________

40가지 원리 요약

1. 분할(Segmentation)

A. 한 물체를 독립적인 여러 부분으로 나눈다.

B. 물체를 구획화한다(분해, 조립이 쉽도록).

C. 물체의 분할 정도를 더욱 높인다.

2. 추출(빼내기, 회수, 제거) (Extracting, Retrieving, Removing)

A. 물체에서 "방해가 되는" 부분이나 특성을 추출한다.

B. 물체에서 "필요한" 부분이나 특성만을 추출한다.

3. 국소적 성질(Local Quality)

A. 물체나 외부 환경(작용)의 구조를 동질적인 것에서 이질적인 것으로 바꾼다.

B. 물체의 여러 부분들이 서로 다른 기능을 수행하게 한다.

C. 물체의 각 부분을 작용상 가장 유리한 조건이 되도록 배치한다.

4. 비대칭(Asymmetry)

A. 대칭형을 비대칭형으로 바꾼다.

B. 물체가 이미 비대칭이라면, 그 비대칭의 정도를 더욱 높인다.

5. 통합(Consolidation)

A. 동질적인 물체들 또는 연속적으로 작동하도록 되어 있는 물체를 공간적으로 통합한다.

B. 동질적이거나 연속적인 동작을 시간적으로 통합한다.

6. 범용성/다용도(Universality)

A. 한 가지 물체로 여러 가지 다른 기능을 수행하게 한다. 그러면 나머지 다른 요소들을 제거할 수 있다.

7. 포개기(Nesting)

A. 한 물체를 다른 물체 속에 넣는다. 그 물체를 또 다른 물체 속에 넣는다.
B. 한 물체가 다른 물체의 구멍을 통과한다.

8. 평형추(Counterweight)

A. 물체의 무게를 상쇄하기 위하여 물체를 양력(들어올리는 힘)을 다른 물체와 결합한다.
B. 물체의 무게를 상쇄하기 위해, 외부 환경의 영향을 받는 공기역학적/유체역학적인 힘을 이용한다.

9. 선행 반대 조치(Prior Counteraction)

A. 너무 크거나 바람직하지 않은 응력을 상쇄하기 위해 물체에 미리 응력을 가한다.

10. 선행 조치(Prior Action)

A. 물체에 필요한 변화를 미리(완전히 또는 부분적으로) 가한다.
B. 가장 편리한 위치에서 즉시 작동할 수 있도록 물체의 위치를 미리 잡아둔다.

11. 사전 예방(Cushion in Advance)

A. 어떤 물체의 신뢰성이 그다지 높지 않은 경우, 미리 준비된 비상수단을 써서 보완한다.

12. 높이 맞추기(Equipotentiality)

A. 물체를 들어 올리거나 내릴 필요가 없도록 작업조건을 바꾼다.

13. 반대로 하기(Do It in Reverse)

A. 문제가 요구하는 직접적 조치 대신에 반대 조치를 취한다(예를 들어, 가열 대신 냉각하기).
B. 물체나 외부 환경에서 움직이는 부분을 고정시키고 고정된 부분을 움직이게 한다.
C. 물체의 위아래를 뒤집는다.

14. 구형화(Spheroidality)

A. 직선을 곡선으로, 평면을 곡면으로, 입방체를 구체로 바꾼다.

B. 롤러, 볼, 나선형을 이용한다.

C. 직선운동을 회전운동으로 바꾼다. 원심력을 활용한다.

15. 역동성(Dynamicity)

A. 물체나 외부환경의 특성을 변화시켜 작동 단계마다 최고의 성능을 내게 한다.

B. 움직일 수 없는 물체를 움직일 수 있도록 만든다. 물체를 서로 교환할 수 있게 만든다.

C. 물체의 상대적 위치를 서로 바꿀 수 있도록 물체를 부분으로 분할한다.

16. 과부족 조치(Partial or Excessive Action)

A. 원하는 효과를 100% 달성하는 것이 어렵다면, 그보다 많게 또는 적게 달성한다.

17. 차원 바꾸기(Transition Into a New Dimension)

A. 물체의 1차원 이동 및 배치를 2차원으로 바꾼다. 2차원을 3차원으로 바꾼다.

B. 물체의 다층 구조를 활용한다.

C. 물체를 기울이거나 옆으로 눕힌다.

D. 표면의 반대쪽을 활용한다.

E. 광선을 물체의 주변 영역 또는 반대쪽으로 투사한다.

18. 기계적 진동(Mechanical Vibration)

A. 진동을 이용한다.

B. 이미 진동이 있다면 그 진동수를 초음파까지 증가시킨다.

C. 공명 주파수를 이용한다.

D. 기계적 진동을 압전(piezo) 진동으로 바꾼다.

E. 초음파 진동을 전자기장과 연계하여 이용한다.

19. 주기적 작동(Periodic Action)

A. 연속적인 작동을 주기적 순간작동(임펄스, impulse)으로 대체한다.
B. 작동이 이미 주기적이면 그 주파수를 바꾼다.
C. 추가적인 작동을 제공하기 위해 임펄스 사이의 쉬는 시간을 활용한다.

20. 유익한 작용의 지속(Continuity of Useful Action)

A. 중단 없이 작동하게 한다. 물체의 모든 부분들을 최대 성능으로 계속해서 작동하게 한다.
B. 헛된 동작 또는 중간 동작을 제거한다.
C. 전진/후퇴의 왕복 동작을 회전 동작으로 바꾼다.

21. 고속 처리(Rushing Through)

A. 해롭고 위험한 작용은 고속으로 처리한다.

22. 전화위복 / 해로움을 이로움으로(Convert harm into benefit)

A. 바람직한 효과를 얻기 위해, 해로운 인자(특히, 환경적 인자)를 활용한다.
B. 하나의 해로운 인자를 다른 해로운 인자와 결합시켜서 제거한다.
C. 해로움이 사라질 때 까지 해로운 작용의 정도를 더욱 증가시킨다.

23. 피드백(Feedback)

A. 피드백(feedback)을 도입한다.
B. 피드백이 이미 존재하면 그것을 변화시킨다.

24. 매개체(Mediator)

A. 매개체를 사용하여 작용을 전달하거나 수행한다.
B. 쉽게 제거할 수 있는 물체를 원래 물체에 임시로 연결한다.

25. 셀프 서비스(Self Service)

A. 물체가 스스로 서비스하거나 보충 및 수리 작업을 수행한다.
B. 버리는 재료와 에너지를 이용한다.

26. 복제(Copying)

A. 깨지기 쉽고 다루기 불편한 원래의 제품 대신에 단순하고 값싼 복제품을 사용한다.
B. 가시광선이 사용되고 있으면 적외선 또는 자외선으로 바꾼다.
C. 물체(또는 시스템)를 광학적 이미지로 대체한다. 그러면 그 이미지를 축소하거나 확대할 수 있다.

27. 일회용품(Dispose)

A. 값비싼 물체를 값싼 물체로 바꾸고 다른 특성들(예를 들어, 수명)과 타협한다.

28. 기계시스템의 대체(Replacement of Mechanical System)

A. 기계시스템을 광학, 음향, 열, 후각 시스템으로 바꾼다.
B. 물체를 전기장, 자기장 또는 전자기장과 상호작용하게 한다.
C. 장(場, field)을 다음과 같이 바꾼다.
- 움직이지 않는 장을 움직이는 장으로
- 고정된 장을 시간에 따라 변화하는 장으로
- 불규칙한 장을 구조화된 장으로

D. 장을 강자성 입자와 연계하여 사용한다.

29. 공기식/수압식 구조물(Pneumatic or Hydraulic Constructions)

A. 물체의 고체 부분을 기체나 액체로 바꾼다. 그러면 공기나 물을 사용하여 팽창되거나, 공기 쿠션 또는 수압 쿠션을 사용할 수 있다.

30. 유연한 막 또는 얇은 필름(Flexible Membranes or Thin Films)

A. 통상적인 구조물을 유연한 막이나 얇은 필름으로 바꾼다.
B. 유연한 막이나 얇은 필름을 이용하여 물체를 외부 환경과 격리시킨다.

31. 다공질 재료(Porous Material)

A. 물체를 다공질 재료로 만든다. 또는 보충적인 다공질 요소(삽입물, 덮개 등)를 사용한다.

B. 만일 물체가 이미 다공질이면 그 구멍들을 미리 어떤 물질을 채운다.

32. 색깔 변경(Changing the Color)

A. 물체나 외부 환경의 색깔을 바꾼다.

B. 물체나 외적 환경의 투명도를 바꾼다.

C. 관찰하기 어려운 물체나 과정을 관찰하기 위해 유색 첨가제를 사용한다.

D. 만약 그러한 첨가제가 이미 사용되고 있다면 발광 추적자 또는 추적 원자를 이용한다.

33. 동질성(Homogeneity)

A. 본체와 상호작용하는 주변 물체를 본체와 동일한 재료(또는 비슷한 특성을 지닌 재료)로 만든다.

34. 폐기 및 재생(Rejecting and Regenerating Parts)

A. 물체의 요소가 그 기능을 마쳤거나 쓸모없게 되면, 그 요소를 폐기하거나(버리기, 녹이기, 증발시키기) 또는 작동 도중에 변경한다.

B. 물체 중에서 이미 사용된 부분을 작동 중에 원위치 한다.

35. 속성 변환(Transformation of Property)

A. 시스템의 물리적 상태를 바꾼다.

B. 농도나 밀도를 바꾼다.

C. 유연성의 정도를 바꾼다.

D. 온도나 부피를 바꾼다.

36. 상전이(相轉移, Phase Transition)

A. 상전이 현상(즉, 부피의 변화, 열의 발산/흡수 등)을 이용한다.

37. 열팽창(Thermal Expansion)

A. 온도변화에 의한 물질의 팽창 및 수축을 이용한다.

B. 열팽창 계수가 다른 여러 가지 재료를 이용한다.

38. 산화 가속(Accelerated Oxidation)

A. 한 수준의 산화(酸化)로부터 더 높은 수준의 산화로 바꿔간다.

1. 일반 공기를 산화 공기로
2. 산화 공기를 산소로
3. 산소를 이온화 산소로
4. 이온화 산소를 오존화 산소로
5. 오존화 산소를 오존으로
6. 오존을 활성산소(singlet oxygen)로

39. 불활성 환경(Inert Environment)

A. 정상적인 환경을 불활성 환경으로 바꾼다.

B. 물체에 중성 물질이나 중성 첨가제를 넣는다.

C. 작업을 진공에서 수행한다.

40. 복합 재료(Composite Materials)

A. 동질성 재료를 복합 재료로 바꾼다.

기술시스템이 지닌 특성들

1. 움직이는 물체의 무게
2. 정지된 물체의 무게
3. 움직이는 물체의 길이
4. 정지된 물체의 길이
5. 움직이는 물체의 면적
6. 정지된 물체의 면적
7. 움직이는 물체의 부피
8. 정지된 물체의 부피
9. 속도
10. 힘
11. 장력 / 압력
12. 모양
13. 구성의 안정성
14. 강도
15. 움직이는 물체의 작동시간
16. 정지된 물체의 작동시간
17. 온도
18. 밝기
19. 움직이는 물체가 소비한 에너지
20. 정지된 물체가 소비한 에너지
21. 동력
22. 에너지의 손실
23. 물질의 손실
24. 정보의 손실
25. 시간의 손실
26. 물질의 양
27. 신뢰성
28. 측정의 정확성
29. 제조의 정확성
30. 외부로부터 물체에 주어지는 해로운 인자
31. 물체에 의해 생기는 해로운 인자
32. 제조의 용이성
33. 사용의 편의성
34. 보수성
35. 적응성(적합성)
36. 기구의 복잡성
37. 조절의 복잡성
38. 자동화의 수준
39. 용량 / 생산성

TRIZ Tools 40 Principles

PART 5

모순 행렬표

모순 행렬표_1

한 특성을 개선하려 할 때 악화되는 다른 특성

	개선하려는 특성(↓)	1	2	3	4	5	6	7	8	원리	
1	이동하는 물체의 무게		-	15, 8 29, 34	-	29, 17	-	29, 2 40, 28	-	분할	1
2	정지한 물체의 무게	-		-	10, 1 29, 35	-	35, 30 13, 2	-	5, 35 14, 2	추출	2
3	이동하는 물체의 길이	8, 15 29, 34	-		-	15, 17 4	-	7, 17 4, 35	-	국소적 성질	3
4	정지한 물체의 길이	-	35, 28 40, 29	-		-	17, 7 10, 40	-	35, 8 2, 14	비대칭	4
5	이동하는 물체의 면적	2, 17 29, 4	-	14, 15 18, 4	-		-	7, 14 17, 4	-	통합	5
6	정지한 물체의 면적	-	30, 2 14, 18	-	26, 7 9, 39	-		-	-	범용성/다용도	6
7	이동하는 물체의 부피	2, 26 29, 40	-	1, 7 4, 35	-	1, 7 4, 17	-		-	포개기	7
8	정지한 물체의 부피	-	35, 10 19, 14	19, 14	35, 8 2, 14	-	-	-		평형추	8
9	속도	2, 28 13, 38	-	13, 14 8	-	29, 30 34	-	7, 29 34	-	선행반대조치	9
10	힘	8, 1 37, 18	18, 13 1, 28	17, 19 9, 36	28, 10	19, 10 15	1, 18 36, 37	15, 9 12, 37	2, 36 18, 37	선행조치	10
11	장력/압력	10, 36 37, 40	13, 29 10, 18	35, 10 36	35, 1 14, 16	10, 15 36, 28	10, 15 36, 37	6, 35 10	35, 24	사전예방	11
12	모양	8, 10 29, 40	15, 10 26, 3	29, 34 5, 4	13, 14 10, 7	5, 34 4, 10	-	14, 4 15, 22	7, 2 35	높이 맞추기	12
13	구성의 안정성	21, 35 2, 39	26, 39 1, 40	13, 15 1, 28	37	2, 11 13	39	28, 10 19, 39	34, 28 35, 40	반대로 하기	13
14	강도	1, 8 40, 15	40, 26 27, 1	1, 15 8, 35	15, 14 28, 26	3, 34 40, 29	9, 40 28	10, 15 14, 7	9, 14 17, 15	구형화	14
15	이동하는 물체의 작동시간	5, 19 34, 31	-	2, 19 9	-	3, 17 19	-	10, 2 19, 30	-	역동성	15
16	정지한 물체의 작동시간	-	6, 27 19, 16	-	1, 40 35	-	-	-	35, 34 38	과부족 조치	16
17	온도	36, 22 6, 38	22, 35 32	15, 19 9	15, 19 9	3, 35 39, 18	35, 38	34, 39 40, 18	35, 6 4	차원 바꾸기	17
18	밝기	19, 1 32	2, 35 32	19, 32 16	-	19, 32 26	-	2, 13 10	-	기계적 진동	18
19	이동하는 물체의 소비 에너지	12, 18 28, 31	-	12, 28	-	15, 19 25	-	35, 13 18	-	주기적 작동	19
20	정지한 물체의 소비 에너지	-	19, 9 6, 27	-	-	-	-	-	-	유익한 작용 지속	20
21	동력	8, 36, 38, 31	19, 26 17, 27	1, 10 35, 37	-	19, 38	17, 32 13, 38	35, 6 38	30, 6 25	고속 처리	21
22	에너지의 손실	15, 6 19, 28	19, 6 18, 9	7, 2 6, 13	6, 38 7	15, 26 17, 30	17, 7 30, 18	7, 18 23	7	전화위복	22
23	물질의 손실	35, 6 23, 40	35, 6 22, 32	14, 29 10, 39	10, 28 24	35, 2 10, 31	10, 18 39, 31	1, 29 30, 36	3, 39 18, 31	피드백	23
24	정보의 손실	10, 24 35	10, 35 5	1, 26	26	30, 26	30, 16	-	2, 22	매개체	24
25	시간의 손실	10, 20 37, 35	10, 20 26, 5	15, 2 29	30, 24 14, 5	26, 4 5, 16	10, 35 17, 4	2, 5 34, 10	35, 16 32, 18	셀프 서비스	25
26	물질의 양	35, 6 18, 31	27, 26 18, 35	29, 14 35, 18	-	15, 14 29	2, 18 40, 4	15, 20 29	-	복제	26
27	신뢰성	3, 8 10, 40	3, 10 8, 28	15, 9 14, 4	15, 29 28, 11	17, 10 14, 16	32, 35 40, 4	3, 10 14, 24	2, 35 24	일회용품	27
28	측정의 정확성	32, 35 26, 28	28, 35 25, 26	28, 26 5, 16	32, 28 3, 16	26, 28 32, 3	26, 28 32, 3	32, 13 6	-	기계시스템의 대체	28
29	제조의 정확성	28, 32 13, 18	28, 35 27, 9	10, 28 29, 37	2, 32 10	28, 33 29, 32	2, 29 18, 36	32, 23 2	25, 10 35	공기/수압식 구조	29
30	외부로부터의 해로운 인자	22, 21 27, 39	2, 22 13, 24	17, 1 39, 4	1, 18	22, 1 33, 28	27, 2 39, 35	22, 23 37, 35	34, 39 19, 27	유연막/박막	30
31	물체에 의해 생긴 해로운 인자	19, 22 5, 39	35, 22 1, 39	17, 15 16, 22	-	17, 2 18, 39	22, 1 40	17, 2 40	30, 18 35, 4	다공질 재료	31
32	제조의 용이성	28, 29 15, 16	1, 27 36, 13	1, 29 13, 17	15, 17 27	13, 1 26, 12	16, 40	13, 29 1, 40	35	색깔 변경	32
33	사용의 편의성	25, 2 13, 15	6, 13 1, 25	1, 17 13, 12	-	1, 17 13, 16	18, 16 15, 39	1, 16 35, 15	4, 18 39, 31	동질성	33
34	보수성	2, 27, 35, 11	2, 27 35, 11	1, 28 10, 25	3, 18 31	15, 13 32	16, 25	25, 2 35, 11	1	폐기 및 재생	34
35	적응성(적합성)	1, 6 15, 8	19, 15 29, 16	35, 1 29, 2	1, 35 16	35, 30 29, 7	15, 16	15, 35 29	-	속성 변환	35
36	기구의 복잡성	26, 30 34, 36	2, 26 35, 39	1, 19 26, 24	26	14, 1 13, 16	6, 36	34, 26 6	1, 16	상전이	36
37	조절의 복잡성	27, 26 28, 13	6, 13 28, 1	16, 17 26, 24	26	2, 13 18, 17	2, 39 30, 16	29, 1 4, 16	2, 18 26, 31	열팽창	37
38	자동화의 수준	28, 26 18, 35	28, 26 35, 10	14, 13 17, 28	23	17, 14 13	-	35, 13 16	-	산화가속	38
39	용량/생산성	35, 26 24, 37	28, 27 15, 3	18, 4 28, 38	30, 7 14, 26	10, 26 34, 31	10, 35 17, 7	2, 6 34, 10	35, 37 10, 2	비활성 환경	39
										복합재료	40

모순 행렬표_2

한 특성을 개선하려 할 때 악화되는 다른 특성

	개선하려는 특성(↓)	9	10	11	12	13	14	15	16	원리	
1	이동하는 물체의 무게	2, 8, 15, 38	8, 10, 18, 37	10, 36, 37, 40	10, 14, 35, 40	1, 35, 19, 39	28, 27, 18, 40	5, 34, 31, 35	-	분할	1
2	정지한 물체의 무게	-	8, 10, 19, 35	13, 29, 10, 18	13, 10, 29, 14	26, 39, 1, 40	28, 2, 10, 27	-	2, 27, 19, 6	추출	2
3	이동하는 물체의 길이	13, 4, 8	17, 10, 4	1, 8, 35	1, 8, 10, 29	1, 8, 15, 34	8, 35, 29, 34	19	-	국소적 성질	3
4	정지한 물체의 길이	-	28, 10	1, 14, 35	13, 14, 15, 7	39, 37, 35	15, 14, 28, 26	-	1, 40, 35	비대칭	4
5	이동하는 물체의 면적	29, 30, 4, 34	19, 30, 35, 2	10, 15, 36, 28	5, 34, 29, 4	11, 2, 13, 39	3, 15, 40, 14	6, 3	-	통합	5
6	정지한 물체의 면적	-	1, 18, 35, 36	10, 15, 36, 37	-	2, 38	40	-	2, 10, 19, 30	범용성/다용도	6
7	이동하는 물체의 부피	29, 4, 38, 34	15, 35, 36, 37	6, 35, 36, 37	1, 15, 29, 4	28, 10, 1, 39	9, 14, 15, 7	6, 35, 4	-	포개기	7
8	정지한 물체의 부피	-	2, 18, 37	24, 35	7, 2, 35	34, 28, 35, 40	9, 14, 17, 15	-	35, 34, 38	평형추	8
9	속도		13, 28, 15, 19	6, 18, 38, 40	35, 15, 18, 34	28, 33, 1, 18	8, 3, 26, 14	3, 19, 35, 5	-	선행반대조치	9
10	힘	13, 28, 15, 12		18, 21, 11	10, 35, 40, 34	35, 10, 21	35, 10, 14, 27	19, 2	-	선행조치	10
11	장력/압력	6, 35, 36	36, 35, 21		35, 4, 15, 10	35, 33, 2, 40	9, 18, 3, 40	19, 3, 27	-	사전예방	11
12	모양	35, 15, 34, 18	35, 10, 37, 40	34, 15, 10, 14		33, 1, 18, 4	30, 14, 10, 40	14, 26, 9, 25	-	높이 맞추기	12
13	구성의 안정성	33, 15, 28, 18	10, 35, 21, 16	2, 35, 40	22, 1, 18, 4		17, 9, 15	13, 27, 10, 35	39, 3, 35, 23	반대로 하기	13
14	강도	8, 13, 26, 14	10, 18, 3, 14	10, 3, 18, 40	10, 30, 35, 40	13, 17, 35		27, 3, 26	-	구형화	14
15	이동하는 물체의 작동시간	3, 35, 5	19, 2, 16	19, 3, 27	14, 26, 28, 25	13, 3, 35	27, 3, 10		-	역동성	15
16	정지한 물체의 작동시간	-	-	-	-	39, 3, 35, 23	-	-		과부족 조치	16
17	온도	2, 28, 36, 30	35, 10, 3, 21	35, 39, 19, 2	14, 22, 19, 32	1, 35, 32	10, 30, 22, 40	19, 13, 39	19, 18, 36, 40	차원 바꾸기	17
18	밝기	10, 13, 19	26, 19, 6	-	32, 30	32, 3, 27	35, 19	2, 19, 6	-	기계적 진동	18
19	이동하는 물체의 소비 에너지	8, 35	16, 26, 21, 2	23, 14, 25	12, 2, 29	19, 13, 17, 24	5, 19, 9, 35	28, 35, 6, 18	-	주기적 작동	19
20	정지한 물체의 소비 에너지	-	36, 37	-	-	27, 4, 29, 18	35	-	-	유익한 작용 지속	20
21	동력	15, 35, 2	26, 2, 36, 35	22, 10, 35	29, 14, 2, 40	35, 32, 15, 31	26, 10, 28	19, 35, 10, 38	16	고속 처리	21
22	에너지의 손실	16, 35, 38	36, 38	-	-	14, 2, 39, 6	26	-	-	전화위복	22
23	물질의 손실	10, 13, 28, 38	14, 15, 18, 40	3, 36, 37, 10	29, 35, 3, 5	2, 14, 30, 40	35, 28, 31, 40	28, 27, 3, 18	27, 16, 18, 38	피드백	23
24	정보의 손실	26, 32	-	-	-	-	-	10	10	매개체	24
25	시간의 손실	-	10, 37, 36, 5	37, 36, 4	4, 10, 34, 17	35, 3, 22, 5	29, 3, 28, 18	20, 10, 28, 18	28, 20, 10, 16	셀프 서비스	25
26	물질의 양	35, 29, 34, 28	35, 14, 3	10, 36, 14, 3	35, 14	15, 2, 17, 40	14, 35, 34, 10	3, 35, 10, 40	3, 35, 31	복제	26
27	신뢰성	21, 35, 11, 28	8, 28, 10, 3	10, 24, 35, 19	35, 1, 16, 11	-	11, 28	2, 35, 3, 25	34, 27, 6, 40	일회용품	27
28	측정의 정확성	28, 13, 32, 24	32, 2	6, 28, 32	6, 28, 32	32, 35, 13	28, 6, 32	28, 6, 32	10, 26, 24	기계시스템의 대체	28
29	제조의 정확성	10, 28, 32	28, 19, 34, 36	3, 35	32, 30, 40	30, 18	3, 27	3, 27, 40	-	공기/수압식 구조	29
30	외부로부터의 해로운 인자	21, 22, 35, 28	13, 35, 39, 18	22, 2, 37	22, 1, 3, 35	35, 24, 30, 18	18, 35, 37, 1	22, 15, 33, 28	17, 1, 40, 33	유연막/박막	30
31	물체에 의해 생긴 해로운 인자	35, 28, 3, 23	35, 28, 1, 40	2, 33, 27, 18	35, 1	35, 40, 27, 39	15, 35, 22, 2	15, 22, 33, 31	21, 39, 16, 22	다공질 재료	31
32	제조의 용이성	35, 13, 8, 1	35, 12	35, 19, 1, 37	1, 28, 13, 27	11, 13, 1	1, 3, 10, 32	27, 1, 4	35, 16	색깔 변경	32
33	사용의 편의성	18, 13, 34	28, 13, 35	2, 32, 12	15, 34, 29, 28	32, 35, 30	32, 40, 3, 28	29, 3, 8, 25	1, 16, 25	동질성	33
34	보수성	34, 9	1, 11, 10	13	1, 13, 2, 4	2, 35	11, 1, 2, 9	11, 29, 28, 27	1	폐기 및 재생	34
35	적응성(적합성)	35, 10, 14	15, 17, 20	35, 16	15, 37, 1, 8	35, 30, 14	35, 3, 32, 6	13, 1, 35	2, 16	속성 변환	35
36	기구의 복잡성	34, 10, 28	26, 16	19, 1, 35	29, 13, 28, 15	2, 22, 17, 19	2, 13, 28	10, 4, 28, 15	-	상전이	36
37	조절의 복잡성	3, 4, 16, 35	30, 28, 40, 19	35, 36, 37, 32	27, 13, 1, 39	11, 22, 39, 30	27, 3, 15, 28	19, 29, 39, 25	25, 34, 6, 35	열팽창	37
38	자동화의 수준	28, 10	2, 35	13, 35	15, 32, 1, 13	18, 1	25, 13	6, 9	-	산화가속	38
39	용량/생산성	-	28, 15, 10, 36	10, 37, 14	14, 10, 34, 40	35, 3, 22, 39	29, 28, 10, 18	35, 10, 2, 18	20, 10, 16, 38	비활성 환경	39
										복합재료	40

모순 행렬표_3

한 특성을 개선하려 할 때 악화되는 다른 특성

	개선하려는 특성(↓)	17	18	19	20	21	22	23	24	원리	
1	이동하는 물체의 무게	6, 29 4, 38	19, 1 32	35, 12 34, 31	-	12, 36 18, 31	6, 2 34, 19	5, 35 3, 31	10, 24 35	분할	1
2	정지한 물체의 무게	28, 19 32, 22	19, 32 35	-	18, 19 28, 1	15, 19 18, 22	18, 19 28, 15	5, 8 13, 30	10, 15 35	추출	2
3	이동하는 물체의 길이	10, 15 19	32	8, 35 24	-	1, 35	7, 2 35, 39	4, 29 23, 10	1, 24	국소적 성질	3
4	정지한 물체의 길이	3, 35 38, 18	3, 25	-	-	12, 8	6, 28	10, 28 24, 35	24, 26	비대칭	4
5	이동하는 물체의 면적	2, 15 16	15, 32 19, 13	19, 32	-	19, 10 32, 18	15, 17 30, 26	10, 35 2, 39	30, 26	통합	5
6	정지한 물체의 면적	35, 39 38	-	-	-	17, 32	17, 7 30	10, 14 18, 39	30, 16	범용성/다용도	6
7	이동하는 물체의 부피	34, 39 10, 18	2, 13 10	35	-	35, 6 13, 18	7, 15 13, 16	36, 39 34, 10	2, 22	포개기	7
8	정지한 물체의 부피	35, 6 4	-	-	-	30, 6	-	10, 39 35, 34	-	평형추	8
9	속도	28, 30 36, 2	10, 13 19	8, 15 35, 38	-	19, 35 38, 2	14, 20 19, 35	10, 13 28, 38	13, 26	선행반대조치	9
10	힘	35, 10 21	-	19, 17 10	1, 16 36, 37	19, 35 18, 37	14, 15	8, 35 40, 5	-	선행조치	10
11	장력/압력	35, 39 19, 2	-	14, 24 10, 37	-	10, 35 14	2, 36 25	10, 36 3, 37	-	사전예방	11
12	모양	22, 14 19, 32	13, 15 32	2, 6 34, 14	-	4, 6 2	14	35, 29 3, 5	-	높이 맞추기	12
13	구성의 안정성	35, 1 32	32, 3 27, 15	13, 19	27, 4 29, 18	32, 35 27, 31	14, 2 39, 6	2, 14 30, 40	-	반대로 하기	13
14	강도	30, 10 40	35, 19	19, 35 10	35	10, 26 35, 28	35	35, 28 31, 40	-	구형화	14
15	이동하는 물체의 작동시간	19, 35 39	2, 19 4, 35	28, 6 35, 18	-	19, 10 35, 38	-	28, 27 3, 18	10	역동성	15
16	정지한 물체의 작동시간	19, 18 36, 40	-	-	-	16	-	27, 16 18, 38	10	과부족 조치	16
17	온도		32, 30 21, 16	19, 15 3, 17	-	2, 14 17, 25	21, 17 35, 38	21, 36 29, 31	-	차원 바꾸기	17
18	밝기	32, 35 19		32, 1 19	32, 35 1, 15	32	13, 16 1, 6	13, 1	1, 6	기계적 진동	18
19	이동하는 물체의 소비 에너지	19, 24 3, 14	2, 15 19		-	6, 19 37, 18	12, 22 15, 24	35, 24 18, 5	-	주기적 작동	19
20	정지한 물체의 소비 에너지	-	19, 2 35, 32	-		-	-	28, 27 18, 31	-	유익한 작용 지속	20
21	동력	2, 14 17, 25	16, 6 19	16, 6 19, 37	-		10, 35 38	28, 27 18, 38	10, 19	고속 처리	21
22	에너지의 손실	19, 38 7	1, 13 32, 15	-	-	3, 38		35, 27 2, 37	19, 10	전화위복	22
23	물질의 손실	21, 36 39, 31	1, 6 13	35, 18 24, 5	28, 27 12, 31	28, 27 18, 38	35, 27 2, 31		-	피드백	23
24	정보의 손실	-	19	-	-	10, 19	19, 10	-		매개체	24
25	시간의 손실	35, 29 21, 18	1, 19 26, 17	35, 38 19, 18	1	35, 20 10, 6	10, 5 18, 32	35, 18 10, 39	24, 26 28, 32	셀프 서비스	25
26	물질의 양	3, 17 39	-	34, 29 16, 18	3, 35 31	35	7, 18 25	6, 3 10, 24	24, 28 35	복제	26
27	신뢰성	3, 35 10	11, 32 13	21, 11 27, 19	36, 23	21, 11 26, 31	10, 11 35	10, 35 29, 39	10, 28	일회용품	27
28	측정의 정확성	6, 19 28, 24	6, 1 32	3, 6 32	-	3, 6 32	26, 32 27	10, 16 31, 28	-	기계시스템의 대체	28
29	제조의 정확성	19, 26	3, 32	32, 2	-	32, 2	13, 32 2	35, 31 10, 24	-	공기/수압식 구조	29
30	외부로부터의 해로운 인자	22, 33 35, 2	1, 19 32, 13	1, 24 6, 27	10, 2 22, 37	19, 22 31, 2	21, 22 35, 2	33, 22 19, 40	22, 10 2	유연막/박막	30
31	물체에 의해 생긴 해로운 인자	22, 35 2, 24	19, 24 39, 32	2, 35 6	19, 22 18	2, 35 18	21, 35 2, 22	10, 1 34	10, 21 29	다공질 재료	31
32	제조의 용이성	27, 26 18	28, 24 27, 1	28, 26 27, 1	1, 4	27, 1 12, 24	19, 35	15, 34 33	32, 24 18, 16	색깔 변경	32
33	사용의 편의성	26, 27 13	13, 17 1, 24	1, 13 24	-	35, 34 2, 10	2, 19 13	28, 32 2, 24	4, 10 27, 22	동질성	33
34	보수성	4, 10	15, 1 13	15, 1 28, 16	-	15, 10 32, 2	15, 1 32, 19	2, 35 34, 27	-	폐기 및 재생	34
35	적응성(적합성)	27, 2 3, 35	6, 22 26, 1	19, 35 29, 13	-	19, 1 29	18, 15 1	15, 10 2, 13	-	속성 변환	35
36	기구의 복잡성	2, 17 13	24, 17 13	27, 2 29, 28	-	20, 19 30, 34	10, 35 13, 2	35, 10 28, 29	-	상전이	36
37	조절의 복잡성	3, 27 35, 16	2, 24 26	35, 38	19, 35 16	19, 1 16, 10	35, 3 15, 19	1, 18 10, 24	35, 33 27, 22	열팽창	37
38	자동화의 수준	26, 2 19	8, 32 19	2, 32 13	-	28, 2 27	23, 28	35, 10 18, 5	35, 33	산화가속	38
39	용량/생산성	35, 21 28, 10	26, 17 19, 1	35, 10 38, 19	1	35, 20 10	28, 10 29, 35	28, 10 35, 23	13, 15 23	비활성 환경	39
										복합재료	40

모순 행렬표_4

한 특성을 개선하려 할 때 악화되는 다른 특성

	개선하려는 특성(↓)	25	26	27	28	29	30	31	32	원리	
1	이동하는 물체의 무게	10, 35 20, 28	3, 26 18, 31	3, 11 1, 27	28, 27 35, 26	28, 35 26, 18	22, 21 18, 27	22, 35 31, 39	27, 28 1, 36	분할	1
2	정지한 물체의 무게	10, 20 35, 26	19, 6 18, 26	10, 28 8, 3	18, 26 28	10, 1 35, 17	2, 19 22, 37	35, 22 1, 39	28, 1 9	추출	2
3	이동하는 물체의 길이	15, 2 29	29, 35	10, 14 29, 40	28, 32 4	10, 28 29, 37	1, 15 17, 24	17, 15	1, 29 17	국소적 성질	3
4	정지한 물체의 길이	30, 29	-	15, 29 28	32, 28	2, 32 10	1, 18	-	15, 17 27	비대칭	4
5	이동하는 물체의 면적	26, 4	29, 30 6, 13	29, 9	26, 28 32, 3	2, 32	22, 33 28, 1	17, 2 18, 39	13, 1 26, 24	통합	5
6	정지한 물체의 면적	10, 35 4, 18	2, 18 40, 4	32, 35 40, 4	26, 28 32, 3	2, 29 18, 36	27, 2 39, 35	22, 1 40	40, 16	범용성/다용도	6
7	이동하는 물체의 부피	2, 6 34, 10	29, 30 7	14, 1 40, 11	26, 28	25, 28 2, 16	22, 21 27, 35	17, 2 40, 1	29, 1 40	포개기	7
8	정지한 물체의 부피	35, 16 32 18	35, 3	2, 35 16	-	35, 10 25	34, 39 19, 27	30, 18 35, 4	35	평형추	8
9	속도	-	18, 19 29, 38	11, 35 27, 28	28, 32 1, 24	10, 28 32, 25	1, 28 35, 23	2, 24 35, 21	35, 13 8, 1	선행반대조치	9
10	힘	10, 37 36	14, 29 18, 36	3, 35 13, 21	35, 10 23, 24	28, 29 37, 36	1, 3 40, 18	13, 3 36, 24	15, 37 18, 1	선행조치	10
11	장력/압력	37, 36 4	10, 14 36	10, 13 19, 35	6, 28 25	3, 35	22, 2 37	2, 33 27, 18	1, 35 16	사전예방	11
12	모양	14, 10 34, 17	36, 22	10, 40 16	28, 32 1	32, 30 40	22, 1 2, 35	35, 1	1, 32 17, 28	높이 맞추기	12
13	구성의 안정성	35, 27	15, 32 35	-	13	18	35, 24 30, 18	35, 40 27, 39	35, 19	반대로 하기	13
14	강도	29, 3 28, 10	29, 10 27	11, 3	3, 27 16	3, 27	18, 35 37, 1	15, 35 22, 2	11, 3 10, 32	구형화	14
15	이동하는 물체의 작동시간	20, 10 28, 18	3, 35 10, 40	11, 2 13	3	3, 27 16, 40	22, 15 33, 28	21, 39 16, 22	27, 1 4	역동성	15
16	정지한 물체의 작동시간	28, 20 10, 16	3, 35 31	34, 27 6, 40	10, 26 24	-	17, 1 40, 33	22	35, 10	과부족 조치	16
17	온도	35, 28 21, 18	3, 17 30, 39	19, 35 3, 10	32, 19 24	24	22, 33 35, 2	22, 35 2, 24	26, 27	차원 바꾸기	17
18	밝기	19, 1 26, 17	1, 19	-	11, 15 32	3, 32	15, 19	35, 19 32, 39	19, 35 28, 26	기계적 진동	18
19	이동하는 물체의 소비 에너지	35, 38 19, 18	34, 23 16, 18	19, 21 11, 27	3, 1 32	-	1, 35 6, 27	2, 35 6	28, 26 30	주기적 작동	19
20	정지한 물체의 소비 에너지	-	3, 35 31	10, 36 23	-	-	10, 2 22, 37	19, 22 18	1, 4	유익한 작용 지속	20
21	동력	35, 20 10, 6	4, 34 19	19, 24 26, 31	32, 15 2	32, 2	19, 22 31, 2	2, 35 18	26, 10 34	고속 처리	21
22	에너지의 손실	10, 18 32, 7	7, 18 25	11, 10 35	32	-	21, 22 35, 2	21, 35 2, 22	-	전화위복	22
23	물질의 손실	15, 18 35, 10	6, 3 10, 24	10, 29 39, 35	16, 34 31, 28	35, 10 24, 31	33, 22 30, 40	10, 1 34, 29	15, 34 33	피드백	23
24	정보의 손실	24, 26 28, 32	24, 28 35	10, 28 23	-	-	22, 10 1	10, 21 22	32	매개체	24
25	시간의 손실		35, 38 18, 16	10, 30 4	24, 34 28, 32	24, 26 28, 18	35, 18 34	35, 22 18, 39	35, 28 34, 4	셀프 서비스	25
26	물질의 양	35, 38 18, 16		18, 3 28, 40	13, 2 28	33, 30	35, 33 29, 31	3, 35 40, 39	29, 1 35, 27	복제	26
27	신뢰성	10, 30 4	21, 28 40, 3		32, 3 11, 23	11, 32 1	27, 35 2, 40	35, 2 40, 26	-	일회용품	27
28	측정의 정확성	24, 34 28, 32	2, 6 32	5, 11 1, 23		-	28, 24 22, 26	3, 33 39, 10	6, 35 25, 18	기계시스템의 대체	28
29	제조의 정확성	32, 26 28, 18	32, 30	11, 32 1	-		26, 28 10, 36	4, 17 34, 26	-	공기/수압식 구조	29
30	외부로부터의 해로운 인자	35, 18 34	35, 33 29, 31	27, 24 2, 40	28, 33 23, 26	26, 28 10, 18		-	24, 35 2	유연막/박막	30
31	물체에 의해 생긴 해로운 인자	1, 22	3, 24 39, 1	24, 2 40, 39	3, 33 26	4, 17 34, 26	-		-	다공질 재료	31
32	제조의 용이성	35, 28 34, 4	35, 23 1, 24	-	1, 35 12, 18	-	24, 2	-		색깔 변경	32
33	사용의 편의성	4, 28 10, 34	12, 35	17, 27 8, 40	25, 13 2, 34	1, 32 35, 23	2, 25 28, 39	-	2, 5 12	동질성	33
34	보수성	32, 1 10, 25	2, 28 10, 25	11, 10 1, 16	10, 2 13	25, 10	35, 10 2, 16	-	1, 35 11, 10	폐기 및 재생	34
35	적응성(적합성)	35, 28	3, 35 15	35, 13 8, 24	35, 5 1, 10	-	35, 11 32, 31	-	1, 13 31	속성 변환	35
36	기구의 복잡성	6, 29	13, 3 27, 10	13, 35 1	2, 26 10, 34	26, 24 32	22, 19 29, 40	19, 1	27, 26 1, 13	상전이	36
37	조절의 복잡성	18, 28 32, 9	3, 27 29, 18	27, 40 28, 8	26, 24 32, 28	-	22, 19 29, 28	2, 21	5, 28 11, 29	열팽창	37
38	자동화의 수준	24, 28 35, 30	35, 13	11, 27 32	28, 26 10, 34	28, 26 18, 23	2, 33	2	1, 26 13	산화가속	38
39	용량/생산성	-	35, 38	1, 35 10, 38	1, 10 34, 28	18, 10 32, 1	22, 35 13, 24	35, 22 18, 39	35, 28 2, 24	비활성 환경	39
										복합재료	40

모순 행렬표_5

한 특성을 개선하려 할 때 악화되는 다른 특성

	개선하려는 특성(↓)	33	34	35	36	37	38	39		원리	
1	이동하는 물체의 무게	35, 3 2, 24	2, 27 28, 11	29, 5 15, 8	26, 30 36, 34	28, 29 26, 32	26, 35 18, 19	35, 3 24, 37		분할	1
2	정지한 물체의 무게	6, 13 1, 32	2, 27 28, 11	19, 15 29	1, 10 26, 39	25, 28 17, 15	2, 26 35	1, 28 15, 35		추출	2
3	이동하는 물체의 길이	15, 29 35, 4, 7	1, 28 10	14, 15 1, 16	1, 19 26, 24	35, 1 26, 24	17, 24 26, 16	14, 4 28, 29		국소적 성질	3
4	정지한 물체의 길이	2, 25	3	1, 35	1, 26	26	-	30, 14 7, 26		비대칭	4
5	이동하는 물체의 면적	15, 17 13, 16	15, 13 10, 1	15, 30	14, 1 13	2, 36 26, 18	14, 30 28, 23	10, 26 34, 2		통합	5
6	정지한 물체의 면적	16, 4	16	15, 16	1, 18 36	2, 35 30, 18	23	10, 15 17, 7		범용성/다용도	6
7	이동하는 물체의 부피	15, 13 30, 12	10	15, 29	26, 1	29, 26 4	35, 34 16, 24	10, 6 2, 34		포개기	7
8	정지한 물체의 부피	-	1	-	1, 31	2, 17 26	-	35, 37 10, 2		평형추	8
9	속도	32, 28 13, 12	34, 2 28, 27	15, 10 26	10, 28 4, 34	3, 34 27, 16	10, 18	-		선행반대조치	9
10	힘	1, 28 3, 25	15, 1 11	15, 17 18, 20	26, 35 10, 18	36, 37 10, 19	2, 35	3, 28 35, 37		선행조치	10
11	장력/압력	11	2	35	19, 1 35	2, 36 37	35, 24	10, 14 35, 37		사전예방	11
12	모양	32, 15 26	2, 13 1	1, 15 29	16, 29 1, 28	15, 13 39	15, 1 32	17, 26 34, 10		높이 맞추기	12
13	구성의 안정성	32, 35 30	2, 35 10, 16	35, 30 34, 2	2, 35 22, 26	35, 22 39, 23	1, 8 35	23, 35 40, 3		반대로 하기	13
14	강도	32, 40 25, 2	27, 11 3	15, 3 32	2, 13 25, 28	27, 3 15, 40	15	29, 35 10, 14		구형화	14
15	이동하는 물체의 작동시간	12, 27	29, 10 27	1, 35 13	10, 4 29, 15	19, 29 39, 35	6, 10	35, 17 14, 19		역동성	15
16	정지한 물체의 작동시간	1	1	2	-	25, 34 6, 35	1	20, 10 16, 38		과부족 조치	16
17	온도	26, 27	4, 10 16	2, 18 27	2, 17 16	3, 27 35, 31	26, 2 19, 16	15, 28 35		차원 바꾸기	17
18	밝기	28, 26 19	15, 17 13, 16	15, 1 19	6, 32 13	32, 15	2, 26 10	2, 25 16		기계적 진동	18
19	이동하는 물체의 소비 에너지	19, 35	1, 15 17, 28	15, 17 13, 16	2, 29 27, 28	35, 38	32, 2	12, 28 35		주기적 작동	19
20	정지한 물체의 소비 에너지	-	-	-	-	19, 35 16, 25	-	1, 6		유익한 작용 지속	20
21	동력	26, 35 10	35, 2 10, 34	19, 17 34	20, 19 30, 34	19, 35 16	28, 2 17	28, 35 34		고속 처리	21
22	에너지의 손실	35, 32 1	2, 19	-	7, 23	35, 3 15, 23	2	28, 10 29, 35		전화위복	22
23	물질의 손실	32, 28 2, 24	2, 35 34, 27	15, 10 2	35, 10 28, 24	35, 18 10, 13	35, 10 18	28, 35 10, 23		피드백	23
24	정보의 손실	27, 22	-	-	-	35, 33	35	13, 23 15		매개체	24
25	시간의 손실	4, 28 10, 34	32, 1 10	35, 28	6, 29	18, 28 32, 10	24, 28 35, 30	-		셀프 서비스	25
26	물질의 양	35, 29 25, 10	2, 32 10, 25	15, 3 29	3, 13 27, 10	3, 27 29, 18	8, 35	13, 29 3, 27		복제	26
27	신뢰성	27, 17 40	1, 11	13, 35 8, 24	13, 35 1	27, 40 28	11, 13 27	1, 35 29, 38		일회용품	27
28	측정의 정확성	1, 13 17, 34	1, 32 13, 11	13, 35 2	27, 35 10, 34	26, 24 32, 28	28, 2 10, 34	10, 34 28, 32		기계시스템의 대체	28
29	제조의 정확성	1, 32 35, 23	25, 10	-	26, 2 18	-	26, 28 18, 23	10, 18 32, 39		공기/수압식 구조	29
30	외부로부터의 해로운 인자	2, 25 28, 39	35, 10 2	35, 11 22, 31	22, 19 29, 40	22, 19 29, 40	33, 3 34	22, 35 13, 24		유연막/박막	30
31	물체에 의해 생긴 해로운 인자	-	-	-	19, 1 31	2, 21 27, 1	2	22, 35 18, 39		다공질 재료	31
32	제조의 용이성	2, 5 13, 16	35, 1, 25 11, 9	2, 13 15	27, 26 1	6, 28 11, 1	8, 28 1	35, 1 10, 28		색깔 변경	32
33	사용의 편의성		12, 26 1, 32	15, 34 1, 16	32, 26 12, 17	-	1, 34 12, 3	15, 1 28		동질성	33
34	보수성	1, 12 26, 15		7, 1 4, 16	35, 1, 25 13, 11	-	34, 35 7, 13	1, 32 10		폐기 및 재생	34
35	적응성(적합성)	15, 34 1, 16, 7	1, 16 7, 4		15, 29 37, 28	1	27, 34 35	35, 28 6, 37		속성 변환	35
36	기구의 복잡성	27, 9 26, 24	1, 13	29, 15 28, 37		15, 10 37, 28	15, 1 24	12, 17 28		상전이	36
37	조절의 복잡성	2, 5	12, 26	1, 15	15, 10 37, 28		34, 21	35, 18		열팽창	37
38	자동화의 수준	1, 12 34, 3	1, 35 13	27, 4 1, 35	15, 24 10	34, 27 25		5, 12 35, 26		산화가속	38
39	용량/생산성	1, 28, 7, 10	1, 32 10, 25	1, 35 28, 37	12, 17 28, 24	35, 18 27, 2	5, 12 35, 26			비활성 환경	39
										복합재료	40

옮긴이 **박성균** 서울대학교 섬유고분자공학과 박사
현재 한국트리즈협회 부회장
전북대학교 겸임교수

윤기섭 전북대학교 전기공학과 졸업
현재 대우엔지니어링 근무

최윤희 모스크바 국립대학교 러시아 언어학박사
현재 대구가톨릭대학교 외래교수
러시아 NFTM-TRIZ 센터 정회원
NFTM-TRIZ 창의교육 프로그램 공동연구원
국내 NFTM-TRIZ 창의교육 연구소 소장

TRIZ 그림책
40가지 발명원리

2012년 4월 25일 초판 인쇄
2012년 4월 30일 인쇄 발행

역 자 박성균, 윤기섭, 최윤희
발 행 인 송기수
발 행 처 도서출판 GS인터비전
편 집 처 도서출판 GS인터비전
인 쇄 처 토탈프로세스
등록번호 제 313-2011-120 호
I S B N 978-89-93668-41-6 (92530)

주 소 서울 마포구 신수동 448-6
전 화 02-976-7898, 3272-7898. 0707-720-7898
팩 스 02-6468-7898
홈페이지 gsintervision.co.kr
E-Mail gsinter7@chol.com

정 가 17,000원